Jocko Willink und Leif Babin

DAS OFFIZIELLE WORKBOOK ZU EXTREME OWNERSHIP

REDLINE | VERLAG

JOCKO WILLINK
LEIF BABIN

DAS OFFIZIELLE WORKBOOK ZU EXTREME OWNERSHIP

Lernen • Führen • Gewinnen

Das Begleit- und Arbeitsbuch zum
#1-New York Times-Bestseller *Extreme Ownership*

Bibliografische Information der Deutschen Nationalbibliothek:
Die Deutsche Nationalbibliothek verzeichnet diese Publikation in der Deutschen Nationalbibliografie; detaillierte bibliografische Daten sind im Internet über http://d-nb.de abrufbar.

Für Fragen und Anregungen:
info@redline-verlag.de

1. Auflage 2023

Türkenstraße 89
D-80799 München
Tel.: 089 651285-0
Fax: 089 652096

Die englische Originalausgabe erschien 2021 bei Jocko Publishing unter dem Titel *The Official Extreme Ownership Companion Workbook*.

Übersetzung: Britta Fietzke
Redaktion: Christiane Otto
Umschlaggestaltung: Marc-Torben Fischer
Satz: ZeroSoft, Timișoara
Druck: Florjančič Tisk d.o.o., Slowenien
Printed in the EU

ISBN Print 978-3-86881-903-8
ISBN E-Book (PDF) 978-3-96267-453-3
ISBN E-Book (EPUB, Mobi) 978-3-96267-454-0

Wir produzieren nachhaltig
www.m-vg.de

OWN IT.

JOCKO

LEAD + WIN.

- LEIF

IM ANGESICHT JEDER CHALLENGE ...
IST FÜHRUNG DIE LÖSUNG.

ES gibt kein Patentrezept für gute Führung – weder für Einzelpersonen noch für Unternehmen. Man kann nicht mithilfe eines Buchs, Seminars oder Vortrags plötzlich auf jede erdenkliche Führungsherausforderung vorbereitet sein. Wenn man eine gute Führungskraft werden oder eine gute Führungskultur in einem Unternehmen etablieren will, ist dies wie eine Kampagne – ein kontinuierlicher und nie endender Prozess. Wie jede Fähigkeit erfordert auch die Führung eine gewisse Übung, je mehr man sich also darin übt, desto besser werden die Ergebnisse und die eigenen Führungskompetenzen. Führung kann geübt werden, indem man sich über ihre Prinzipien einliest, Szenarien bespricht, Rollenspiele durchführt, Fallstudien durchgeht und eine Vielzahl anderer Methoden anwendet.

Dieses Workbook ist nicht als Ersatz für das Buch *Extreme Ownership: Mit Verantwortung führen. Was Führungskräfte von den Navy Seals lernen können* gedacht, sondern als ergänzende Ressource, die die Prinzipien aus dem ersten Buch aufgreift und eine Möglichkeit der Wiederholung, Interaktion und Diskussion bietet, um so zu einem tieferen Verständnis der Prinzipien für Einzelne und einer stärkeren konzeptionellen Ausrichtung innerhalb von Unternehmen zu führen.

Das Workbook folgt nicht nur demselben Weg wie *Extreme Ownership*, sondern ist auch auf unsere Online-Schulungsplattform EFOnline.com abgestimmt, damit Führungskräfte und Teams die Informationen aus unterschiedlichen Blickwinkeln betrachten und mithilfe verschiedener Medienplattformen lernen können.

Auch wenn es keine strikte Methodik für die Nutzung des *Workbooks* gibt, haben wir es doch möglichst einfach und geradlinig strukturiert: Wir empfehlen daher, am Anfang zu beginnen, die Führungsprinzipien in jedem Abschnitt durchzugehen, um dann die Fragen und Diskussionspunkte zum besseren Verständnis und zur Verbindung mit Ihren eigenen, tatsächlichen Führungsszenarien zu nutzen.

Denken Sie daran, dass es nicht immer eine klare Antwort auf Ihre Probleme gibt – Führung ist keine Wissenschaft und unterliegt keiner stringenten Formel. Führung setzt sich vielmehr aus Menschen zusammen, die jeweils ihre eigenen Persönlichkeiten, Eigenheiten, Meinungen, Egos und Pläne mitbringen. Es braucht daher für Führung nicht nur einen Standardprozess, sondern Fähigkeiten. Es braucht Übung. Es braucht Wissen, Geduld, Kompromissbereitschaft und Ausdauer. Aber je mehr Sie wissen und je besser Sie das System der Führung verstehen, desto besser werden Sie als Führungskraft agieren. Und genau dafür ist dieses Buch gedacht. Und nun …

LERNEN SIE. FÜHREN SIE. SEIEN SIE ERFOLGREICH.

INHALT

EINLEITUNG
DIE SCHLACHT VON RAMADI

DEN größten Teil unserer Lektionen in Sachen Kampfführung lernten wir 2006 in der Schlacht von Ramadi. Unsere SEAL-Einheit, Task Unit Bruiser, kämpfte an der Seite der US-Soldaten, Marines und irakischer Soldaten für die Rückeroberung der Stadt Ramadi von den feindlichen Streitkräften, für den Schutz der Zivilbevölkerung und letztlich für die Eindämmung der Gewalt.

Als die Task Unit Bruiser im April 2006 eintraf, hatte die Stadt Ramadi 400.000 Einwohner, war aber auch eine gewalttätige Terroristenhochburg und das Epizentrum des irakischen Aufstands. Die US-Streitkräfte kontrollierten gerade einmal ein Drittel der Stadt, während der Rest von Tausenden entschlossenen, gut bewaffneten feindlichen Kämpfern kontrolliert wurde. Ein an die Presse durchgesickerter Bericht des US-Geheimdienstes bezeichnete Ramadi und die gesamte Provinz Al-Anbar als »so gut wie verloren«. Nur wenige glaubten noch an einen Sieg.

Unsere SEALs in der Task Unit Bruiser arbeiteten eng mit den US-Marines der Air Naval Gunfire Liaison Company (ANGLICO) SALT 6 zusammen, die oft als die ersten US-Amerikaner in die gefährlichsten, vom Feind gehaltenen Viertel zur Unterstützung der Hauptanstrengungen vor Ort geschickt werden. Eine Anstrengung, die von mutigen Einheiten der US-Armee und der Marineinfanterie als sogenannte Ready First Brigade der 1. Panzerdivision der US-Armee angeführt wurde, als diese zum Aufbau von Kampfvorposten in den Hinterhof des Feindes vorrückten.

Während sich also amerikanische Soldaten und Marines, begleitet von irakischen Soldaten, durch die Straßen bewegten, wurden sie von SEAL-Scharfschützen der Task Unit Bruiser gedeckt, die ihrerseits von den Luftstreitkräften des Marine-Korps über ihren Köpfen gedeckt wurden. Die Task Unit Bruiser unterbrach feindliche Angriffe und schützte die Pioniere der Army, die im feindlichen Gebiet Außenposten errichteten und befestigten, sowie die Soldaten und Marines, die in diesen Außenposten lebten und von dort auf Patrouille gingen.

Wir konzentrierten uns beim Kampf um Ramadi, auch wenn er noch so dynamisch und komplex war, auf eine einfache Mission, die direkt aus dem Handbuch der Aufstandsbekämpfung stammt: der Sicherung der örtlichen

Bevölkerung durch Unterbrechung der feindlichen Operationen sowie dem Beziehungsaufbau zu den Menschen vor Ort. Jeder SEAL, Soldat und Marine verstand diesen Auftrag und war sich bewusst, dass alle Handlungen auf dem Schlachtfeld letztlich zur Zielerreichung beitrugen.

Wir setzten inmitten der erschreckend vielen Aufgaben auf dem Schlachtfeld Prioritäten zur Unterstützung der Strategie »Seize, Clear, Hold, and Build« der Ready First Brigade, da dies den effektivsten Weg zu den strategischen Zielen darstellte. Die Armee war sich darüber im Klaren, dass man die Unterstützung der Bevölkerung Ramadis nur erhalten konnte, wenn amerikanische und irakische Soldaten in der Stadt leben und operieren würden. Dafür mussten ständige Combat Outposts (sogenannter COPs) im Feindgebiet errichtet werden, was mithilfe der bereits erwähnten Methode »Seize, Clear, Hold, and Build« durchgeführt wurde. Deren einzelne Schritte waren recht simpel: Mit »seize« (erobern) erlangte man die Kontrolle über einige Gebäude in einem vom Feind kontrollierten Gebiet. Mit »clear« (räumen) entfernte man das feindliche Personal aus dem Gebiet. Mit »hold« (halten) blieb man in den zuvor geräumten Gebäuden, um letztlich mit »build« (aufbauen) zunächst die Gebäude gegen feindliche Angriffe zu verstärken sowie die Infrastruktur und den Zusammenhalt im Viertel wieder aufzubauen.

Wir mussten zur Unterstützung all dieser Anstrengungen unsere Streitkräfte in unabhängige Einheiten aufsplitten. Jede Einheit hatte dabei ihren eigenen Anführer und führte entscheidende Aufgaben zur Erreichung des Gesamtziels, der Mission aus. Dank der Einführung des Dezentralen Kommandos konnten die US-Streitkräfte in Ramadi die strategischen Ziele des Befehlshabers (Schutz der Bevölkerung, Stabilisierung der Stadt und letztlich Eindämmung der Gewalt in Ramadi) möglichst flexibel und effektiv unterstützen.

Anfangs standen die SEALs der Task Unit Bruiser dem Gedanken, an der Seite irakischer Soldaten zu kämpfen, skeptisch gegenüber, doch sie machten sich die Idee zu eigen und bauten starke Beziehungen zu den irakischen Streitkräften auf, die schließlich hinterher die Führung bei der Friedenssicherung im eigenen Land übernehmen sollten.

US-Soldaten, Marines und SEALs bildeten zusammen mit irakischen Soldaten eine geschlossene Einheit, die sich ausschließlich auf die Mission konzentrierte. Tag für Tag und Abschnitt für Abschnitt wurden die Stadtviertel geräumt und die Zivilbevölkerung von den Aufständischen befreit. Die feindliche Kontrolle wurde mit der Zeit gebrochen, und ein Wendepunkt war erreicht. Als die Bevölkerung erkannte, dass die Aufständischen verloren, stellte sie die passive Unterstützung ein und verweigerte ihnen die Bewegungsfreiheit, und später, nachdem der Aufstand geschwächt war, organisierte sie sich und rief das sogenannte »Erwachen Anbars« ins Leben. Die Gewalt ging zurück, Sicherheit und Frieden wurden hergestellt und der Sieg in Ramadi wurde errungen.

Aber jeder Sieg hat seinen Preis, und für uns war er hoch: Mehr als 500 US-Soldaten wurden verwundet und fast 100 getötet, darunter drei SEALs der Task Unit Bruiser, Marc Lee, Mike Monsoor und Ryan Job, sowie ein US-Marine von ANGLICO SALT 6, Chris Leon. Hunderte irakische Soldaten wurden getötet und verwundet. Alle diese Verluste waren tragisch und verheerend, diese Opfer werden nie vergessen werden.

Aber ihre Opfer waren nicht umsonst. Viele hatten befürchtet, dass Ramadi nicht einzunehmen sei, aber der Plan der Ready First Brigade des »Seize, Clear, Hold, Build« hatte Erfolg, weil alle Teamebenen die richtigen Führungskräfte hatten, die unerbittlich eine effektive Strategie umsetzten. Das, was 2006 als »so gut wie verloren« angesehen wurde, war im darauffolgenden Jahr der Inbegriff des Erfolgs geworden. Mit dem Sieg in Ramadi und dem Erwachen Anbars wendete sich das Blatt im Krieg in der Provinz. Die gleiche Strategie wurde nach diesem Vorbild 2007/08 in anderen irakischen Krisengebieten mit ähnlichem Erfolg eingesetzt.

FÜHRUNG: DER WICHTIGSTE FAKTOR VON ALLEN

ES befanden sich, wie in der auf den vorherigen Seiten stehenden Zusammenfassung der Schlacht von Ramadi nachzulesen ist, viele bewegliche Teile im Spiel: Operationen wurden durchgeführt, Gebäude von feindlichen Kämpfern gesäubert, Gefechtsvorposten errichtet, die Stadt stabilisiert und die Bevölkerung gesichert. Aber jenseits dessen wurden hinter diesen taktischen Bemühungen an der Front Tausende Soldaten verpflegt, Hunderte Fahrzeuge betankt und gewartet, Nachschub geliefert, Nachrichten übermittelt sowie viele Teams und Einheiten zur gegenseitigen Unterstützung koordiniert.

Dabei darf man auf keinen Fall vergessen, dass alles, was während der Schlacht von Ramadi geschah, darauf zurückzuführen ist, dass eine Führungskraft es irgendwann und irgendwo GESCHEHEN ließ.

Eine Führungskraft hat die Gesamtstrategie entwickelt. Führungskräfte erstellten Einsatzpläne, führten Einsätze durch, leiteten die Truppen auf dem Schlachtfeld, aber vor allem übernahmen sie die Verantwortung für ihren Teil des Auftrags und dessen Ausführung.

Wenn wir von Führungskräften sprechen, meinen wir nicht nur leitende Angestellte, keine Führungskräfte, die für 5000 oder 500 Menschen verantwortlich sind. Und damit sind auch keine Führungskräfte gemeint, die für 50 oder fünf Mitarbeiter verantwortlich sind. Wir meinen hier jeden – *jeder* ist eine Führungspersönlichkeit, auch der Soldat, Matrose, Flieger oder Marinesoldat an der Front, der seinen Teil des Auftrags übernimmt und ausführt. Die Führung auf allen Ebenen brachte letztlich den Sieg in der Schlacht von Ramadi, und es ist ebendiese Führung auf allen Ebenen, die jedem Unternehmen oder Team Erfolg bringt. Wenn wir also von Führungspersönlichkeiten oder -kräften sprechen, dann sind SIE gemeint, völlig unabhängig von Ihrer tatsächlichen Position in der Hierarchie Ihres Unternehmens.

Ohne Führung passiert nichts – und mit schlechter Führung passiert das Falsche. Ohne Führung wird kein Sieg errungen. Deshalb vertreten wir die Meinung, dass Führung das Wichtigste auf dem Schlachtfeld, das Wichtigste im unternehmerischen Kontext und das Wichtigste im Leben ist.

UMSETZUNG

EINLEITUNG: DIE SCHLACHT VON RAMADI

1. In Ramadi arbeiteten US Navy SEALs, Soldaten, Marines und irakische Soldaten eng zusammen. Wie arbeitet Ihr Team mit anderen Teams zur Erfüllung eines Auftrags zusammen?

2. Gibt es Bereiche, bei denen Sie noch Möglichkeiten einer besseren Zusammenarbeit und Koordination für den Erfolg sehen?

3. Beschreiben Sie Bereiche in Ihrer (Arbeits-)Welt, in denen Sie sich schwierigen Herausforderungen gegenüberstehen sehen und in denen sich ein Sieg unmöglich anfühlt.

4. Wie können Sie ein schwieriges Problem, das sich im Verlauf Ihrer Mission stellt, mit einem anderen Blickwinkel angehen und so eine innovative Lösung für ein besseres Ziel entwickeln?

5. Wie können Sie das, was Sie aus diesen Lehren gezogen haben, direkt auf Ihr Team anwenden?

6. Wie können Sie es auf sich selbst anwenden?

ÜBUNG ZUR SOFORTMASSNAHME

Schreiben Sie ein bestimmtes Beispiel auf, bei dem Sie ein schwieriges Problem mit einem überraschenden Erfolg abschließen konnten. Was konnten Sie dabei erreichen? Wie können Sie diesen Erfolg in anderen Bereichen Ihres Lebens replizieren?

NOTIZEN:

TEIL 1:
DEN INNEREN KRIEG GEWINNEN

KAPITEL 1: EXTREME OWNERSHIP

WAS IST EXTREME OWNERSHIP?

ES GIBT KEINE AUSREDEN.

NIEMAND SONST TRÄGT DIE SCHULD.

SIE MÜSSEN SICH ALLES IN IHRER WELT ZU EIGEN MACHEN; ALLES IN BEZUG AUF IHREN AUFTRAG.

ÜBERNEHMEN SIE INNERHALB DER BEFEHLSKETTE DIE VERANTWORTUNG.

Es gibt keine Ausreden, niemanden, dem man die Schuld geben kann. In Teams tragen die Führungskräfte die volle Verantwortung für deren Performance. Dies gilt für alle, unabhängig von der eigenen Position in der Hierarchie des Unternehmens. Wenn wir »Führungskraft«, »Führer« oder »Führungspersönlichkeit« sagen, meinen wir alle diese auf *allen* Ebenen – von den obersten Führungskräften an der Unternehmensspitze über das mittlere Management zu den Führungskräften an vorderster Front, und auch bis hin zu den einzelnen Mitarbeitern am unteren Ende der Hierarchie. Wir meinen also Sie. SIE SIND VERANTWORTLICH. Es ist schwierig, die volle Verantwortung vor allem für Misserfolge zu übernehmen.

Es ist viel leichter, jemandem oder etwas anderem die Schuld zu geben, es auf Pech, die unveränderlichen Umstände oder die schlechte Performance anderer zu schieben, wenn etwas schiefläuft oder etwas Schlimmes passiert. Aber wer löst in einem solchen Fall dann die Probleme? Niemand. Die Probleme bleiben bestehen, werden schlimmer und die Performance des Teams leidet darunter. Wenn Sie jedoch die Verantwortung übernehmen, sich überlegen, was Sie zu einer Verbesserung der Situation hätten beitragen können, und einen zukünftigen Lösungsweg finden, werden die Probleme gelöst. Das ist die Stärke des Extreme Ownership.

Die besten Teams wollen kontinuierlich ihre Performance verbessern, ihre Fähigkeiten erweitern und die Standards immer noch höher setzen, denn sie sind nie gänzlich zufrieden mit ihrer Leistung. Das fängt beim Einzelnen an und überträgt sich auf alle Teammitglieder, bis eine Arbeitskultur des Extreme Ownership zum Prinzip wird.

Wessen Schuld ist es, wenn Ihr Team eine mangelhafte Performance erbringt und seinen Auftrag nicht erfüllt? Ihre. Und selbst wenn Sie nicht die Führungskraft an der Unternehmensspitze sein sollten, können Sie nicht einfach dem Chef die Schuld geben. Es ist unabhängig von Ihrer Position in der Hierarchie immer noch Ihre Schuld. Sie halten sich nicht an eines oder mehrere der Gesetze des Kampfes. Sie führen nicht.

Vielleicht haben Sie keine ausreichend starken Beziehungen aufgebaut, die es Ihrem Team ermöglichen würden, sich gegenseitig zu decken und zu bewegen, damit das Unternehmen auf jeden Fall gewinnen wird.

Vielleicht haben Sie keine einfachen, für alle verständlichen und ausführbaren Pläne aufgestellt, oder Sie haben nicht um Klärung mit allen gebeten, um ein Verständnis des Plans sicherzustellen. Sie haben nicht effektiv einfach, klar und präzise kommuniziert.

Vielleicht haben Sie sich nicht von den Emotionen gelöst und haben keinen Schritt weg von den Details genommen, um die Aufgabe mit der höchsten Priorität zu identifizieren, sich auf diese zu konzentrieren und sie dann auszuführen. Vielleicht haben Sie nicht die entsprechende Zeit und die entsprechenden Ressourcen für die Lösung des vorrangigen Problems bereitgestellt.

Vielleicht haben Sie das Dezentrale Kommando nicht ordnungsgemäß ausgeführt, also nicht sichergestellt, dass alle im Team den Auftrag, das Ziel, den angestrebten Endzustand und die Parameter verstehen, innerhalb derer Sie Entscheidungen treffen können, um das Team in Richtung des Ziels voranzubringen. Vielleicht haben Sie die Menschen um sich herum nicht genug zur Führungsübernahme ermächtigt, sodass sie jetzt eher darauf warten, dass jemand anderes ihnen die Aufgaben verteilt. Vielleicht, und das ist am wichtigsten, versteht Ihr Team nicht, warum es das tut, was es tut. Und wenn sie nicht verstehen, warum sie tun, was sie tun, können Leute nicht effektiv arbeiten, sich nicht anpassen oder effektiv führen.

Bei Extreme Ownership gibt es keine Ausreden. Jedes Problem ist Ihres, und Sie müssen einen Weg zu dessen Lösung finden. Extreme Ownership ist einfach, aber nicht leicht. Es ist keine komplexe, tiefgründige Theorie, die man in einem Klassenzimmer lernt. Extreme Ownership ist praxisbezogen und beruht auf gesundem Menschenverstand – dennoch ist es unglaublich schwierig, es in die Tat umzusetzen. Wenn etwas schiefgeht, ernsthafte Probleme auftreten, es zu größeren Misserfolgen kommt, dann ist die Verlockung groß, die Schuld von sich zu weisen und eine Ausrede zu finden, um sich so der Verantwortung zu entziehen. Allerdings tun andere das Gleiche, wenn man dieser Versuchung erliegt, sodass letztlich niemand für die Probleme verantwortlich zu sein scheint: Schuldzuweisungen sind ansteckend. Wenn alle Mitglieder einer Gruppe einem anderen die Schuld geben, dann korrigiert niemand die eigenen Fehler, dann lernt niemand aus den Misserfolgen oder verändert etwas. Ein solches Team verbessert sich also niemals. Deshalb müssen gute Führungskräfte das Gegenteil tun: Sie müssen für den Erfolg Extreme Ownership übernehmen und eine Kultur des Extreme Ownership in Ihrem Team etablieren.

WAS IST EXTREME OWNERSHIP NICHT?

Es ist kein Extreme Ownership, wenn man schlicht verkündet, etwas falsch gemacht zu haben, oder man sich für einen Fehler entschuldigt. Worte können nicht zaubern und lassen Probleme nicht einfach verschwinden. Als Führungskraft müssen Sie die Verantwortung übernehmen, ernsthaft nach einer Lösung suchen und diese dann umsetzen, um den Erfolg sicherzustellen. Das bedeutet jedoch nicht, dass Ihr Team einfach herumsitzen und auf Ihre Lösungswege warten soll. Die erfolgreichsten Teams zeichnen sich durch eine eigenverantwortliche (Arbeits-)Kultur auf allen Ebenen aus, in der alle ihren Beitrag zur Problemlösung oder zumindest einem Teil davon leisten. Ein solches Team wird kontinuierlich dazulernen, wachsen und die eigene Performance verbessern. Wenn Extreme Ownership in der Kultur Ihres Teams verankert ist, wird es unaufhaltbar sein.

Wir erleben in unserer Rolle als Echelon-Front-Instrukteure immer wieder, dass Menschen andere darauf hinweisen, doch Extreme Ownership anzunehmen. Was vielen nicht bewusst ist: Wenn sie sich darauf konzentrieren, dass Extreme Ownership für andere gilt, geben sie ihnen die Schuld für die Probleme. Wenn Sie sich also dabei ertappen, dass Sie Sätze wie »Das muss mein Chef wirklich mal hören«, »Ich mache das richtig gut, aber andere müssen sich noch verbessern« oder »Unser Team ist super, aber die anderen Teams müssen noch viel Arbeit investieren« sagen, dann legen Sie das Gegenteil von Extreme Ownership an den Tag. Es geht bei Extreme Ownership nicht um andere, es geht UM SIE SELBST. Versuchen Sie also nicht, andere zu einer Verhaltensveränderung zu zwingen, sondern konzentrieren Sie sich auf die einzige Person, die Sie tatsächlich kontrollieren können: Sie selbst.

Wie bringt man andere zur Verantwortungsübernahme? Indem SIE die Verantwortung übernehmen. Die anderen werden Ihrem Beispiel folgen, unabhängig von Ihrem Rang oder Titel. Dieses Konzept für sich anzunehmen, ist eine der demütigsten und schwierigsten Aufgaben, denen Sie sich je stellen müssen. Konzentrieren Sie sich also nicht darauf, was Ihrer Meinung nach mit Ihrem Team, Ihrem Chef, Ihrem Auftrag, Ihrem Kunden oder jemand anderem nicht stimmt, sondern konzentrieren Sie sich auf sich selbst. *Übernehmen Sie die Verantwortung für die Aspekte in Ihrer Welt, für alles, was sich auf Ihre Mission auswirkt: für sich selbst, Ihr Handeln, Ihr Team und Ihr Leben.*

WIE SIE EXTREME OWNERSHIP UMSETZEN

ÜBERNEHMEN SIE DIE VERANTWORTUNG: IN ALLEN BEREICHEN.

BLEIBEN SIE DEMÜTIG: GEBEN SIE IHRE FEHLER UND MISSERFOLGE ZU, ENTWICKELN SIE LÖSUNGSANSÄTZE UND ÜBERNEHMEN SIE DIE VERANTWORTUNG FÜR DEREN UMSETZUNG.

BETRACHTEN SIE SICH SELBST: PRÜFEN SIE, WAS SIE FÜR EIN ERFOLGREICHES ERGEBNIS BESSER MACHEN KÖNNTEN.

ÜBERTRAGEN SIE VERANTWORTUNG AN UNTERGEBENE: ERMUTIGEN UND BEFÄHIGEN SIE IHRE TEAMMITGLIEDER ZUR EIGENSTÄNDIGEN PLANUNG UND FÜHRUNG.

HÖREN SIE ZU: ALLE TRAGEN ZUR ERFÜLLUNG DES AUFTRAGS BEI.

STELLEN SIE SICHER, DASS ALLE WISSEN, WARUM SIE TUN, WAS SIE TUN: OHNE DAS WARUM KÖNNEN SIE ES NICHT AUSFÜHREN.

SCHULEN SIE IHR TEAM: GEBEN SIE IHM DIE AUTORITÄT UND FÄHIGKEIT ZUR AUFTRAGSERFÜLLUNG.

UMSETZUNG

KAPITEL 1: EXTREME OWNERSHIP

1. Wo sehen Sie in Ihrer Welt Möglichkeiten, um Extreme Ownership anzuwenden?

2. Seien Sie ehrlich mit sich selbst. Wo reden Sie sich noch raus und warum?

3. Gibt es Szenarien, in denen andere Menschen Sie frustrieren? Schieben Sie dabei dann die Schuld auf andere?

4. Beschreiben Sie ein Szenario, in dem Sie sich einschalten und Verantwortung übernehmen könnten.

5. Was brauchen Sie, damit Sie sich emotional von Situationen lösen können, um zu prüfen, was Sie besser machen könnten, um ein positiveres Ergebnis zu erzielen?

6. Übernimmt Ihr Unternehmen Verantwortung?

7. Wie können Sie dazu beitragen, dass sich eine (Arbeits-)Kultur des Extreme Ownership in Ihrem Team/Ihrem Unternehmen etabliert?

ÜBUNG ZUR SOFORTMASSNAHME

Bei welcher spezifischen Mission, welchem Projekt oder Problem werden Sie Verantwortung übernehmen, um Ihrem Team oder Unternehmen zum Erfolg zu verhelfen und um eine (Arbeits-)Kultur des Extreme Ownership in Ihrem Team oder Unternehmen zu etablieren?

NOTIZEN:

KAPITEL 2: ES GIBT KEINE SCHLECHTEN TEAMS, NUR SCHLECHTE FÜHRER

EINE der grundlegendsten und wichtigsten Wahrheiten im Kern des Extreme Ownership ist die Erkenntnis, dass es keine schlechten Teams gibt, sondern nur schlechte Führungskräfte.[1] Führung ist der einflussreichste Einzelfaktor für die Performance eines Teams. Es hängt allein von der Führungskraft ab, ob ein Team erfolgreich ist oder nicht, und ihre mentale Einstellung gibt den Ton für das gesamte Team an. Die Führungskraft treibt die Performance an – oder eben auch nicht. Aber dies gilt nicht nur für die oberste Führungskraft eines Teams, sondern für alle bis zum untersten Rang. Alle im Team können Führung übernehmen, Probleme lösen und zusammenarbeiten, um den Rest des Teams in die richtige Richtung zu bewegen.

Das Beispiel der BUD/S-Bootsbesatzung (Basic Underwater Demolition/SEAL-Training) veranschaulicht dieses Prinzip auf praktischer Ebene. Zwei Bootsbesatzungen (die zweite und die sechste) konkurrierten mit anderen Bootsbesatzungen um den Sieg bei einigen anspruchsvollen Rennen. Ein Team, die zweite Bootsbesatzung, dominierte alles. Das andere Team, die sechste Bootsbesatzung, verlor jedoch jedes Rennen und landete im Ranking deutlich hinter allen anderen Teams. Wir tauschten die Bootsbesatzungsführer – und tatsächlich *nur* die – von diesen beiden Besatzungen aus. Das Ergebnis? Die sechste Bootsbesatzung, das Verliererteam bis dato, gewann sofort das nächste Rennen und die darauffolgenden gleich auch noch. Die sechste Bootsbesatzung entwickelte sich vom schlechtesten zum besten Team der Riege, was die Auswirkungen guter Führung verdeutlicht. Aber was war mit der zweiten, also dem ursprünglichen Gewinnerteam? Das schnitt immer noch gut ab, sogar mit dem neuen, nicht sonderlich leistungsfähigen Anführer. Und warum? Weil jüngere Teammitglieder in die Bresche sprangen, die Lücke füllten und die Führung übernahmen.

Dies ist nur ein Beispiel von vielen, die wir erlebt haben. Wir hatten auch manchmal den Fall, dass ein Zugführer aufgrund der schlechten Performance

---

[1] Die Formulierung stammt von der Philosophie des »Keine schlechten Einheiten, nur schlechte Offiziere«, die Colonel David Hackworth von seinen Mentoren gelernt hat, aus *About Face: The Odyssey of an American Warrior* von Colonel a. D. David Hackworth und Julie Sherman.

des SEAL-Teams entlassen wurde. Nachdem dann aber ein neuer Zugführer eingesetzt worden war, verbesserte sich die Performance desselben Zuges, der zuvor versagt hatte, häufig radikal. Dasselbe erleben wir auch in der Arbeitswelt immer wieder.

Wenn Ihr Team nicht genügend leistet oder den Auftrag nicht erfüllt, können Sie nicht dem Team, der Ausbildung, der Ausrüstung oder den Umständen die Schuld geben. Sie müssen stattdessen sich selbst die Schuld geben. Der wichtigste Erfolgsfaktor sind nicht die Erfahrungen oder Talente, sondern die Führung. Erkennen Sie also an, dass es keine schlechten Teams gibt, sondern nur schlechte Führungskräfte. Wagen Sie also den Schritt und übernehmen Sie Verantwortung, bauen Sie Beziehungen auf, setzen Sie Ressourcen ein, lösen Sie Probleme und führen Sie Ihr Team zum Erfolg. Wir haben dafür bei Echelon Front ein Sprichwort: »Es kommt nicht darauf an, was man predigt, sondern was man toleriert.« Wenn Sie also eine mangelhafte Performance tolerieren, dann wird Ihr Team auch genau das abliefern. Wenn niemand zur Verantwortung gezogen wird, wird diese niedrige Performance zur Regel. Führungskräfte müssen beim gesamten Team hohe Standards durchsetzen, und die härteste, aber wichtigste Stelle dafür liegt bei Ihnen selbst. Wer mit gutem Beispiel vorangeht, wird zum erstrebenswerten Maßstab für andere.

Führungspersönlichkeiten sollten nie zufrieden sein. Streben Sie also kontinuierlich nach einer Verbesserung, und vermitteln Sie diese Einstellung auch Ihrem Team und den Sie umgebenden Menschen. Das beginnt mit einer realistischen, (sogar brutal) ehrlichen Einschätzung Ihrer Performance und der Ihres Teams. Es durchzieht dann das gesamte Team, wenn alle Mitglieder beständig nach Verbesserungen streben.

Die besten Teams wollen sich ständig verbessern, ihre Fähigkeiten erweitern und die Standards erhöhen. Diese Haltung beginnt bei jedem Einzelnen und überträgt sich auf alle Teammitglieder, bis sie zur (Arbeits-)Kultur, also zum neuen Standard, wird. Die Erkenntnis, dass es »keine schlechten Teams, nur schlechte Führung« gibt, entsteht durch die Übernahme des Extreme Ownership, also der vollständigen Eigenverantwortung. Führungskräfte können mit dieser Einstellung alle Schlachtfelder dominierende Hochleistungsteams aufbauen.

UMSETZUNG

KAPITEL 2: ES GIBT KEINE SCHLECHTEN TEAMS, NUR SCHLECHTE FÜHRER

1. Welcher Bootsbesatzung gehören Sie an? Warum?

2. In welchen Bereichen fallen Sie oder fällt Ihr Team zurück?

3. Sind Sie der Meinung, dass Sie oder Ihr Team dazu tendieren, die Schuld auf andere zu schieben oder Ausreden zu finden? Oder übernehmen Ihre Teammitglieder die Verantwortung, lösen Probleme und bewegen sich zusammen vorwärts? Warum?

4. Was können Sie noch weiter unternehmen, damit Sie Verantwortung für die Probleme übernehmen und das Team einen können, um sich gemeinsam in Richtung des Ziels zu bewegen?

5. Übernehmen Sie immer die Verantwortung, auch für Probleme, wenn etwas die Performance Ihres Teams stört? In welchen Aspekten können Sie sich noch verbessern?

6. Was sind die Standards für Ihr Team und Ihr Unternehmen?

7. Möchten die Menschen in Ihrem Unternehmen Teil Ihres Teams sein? Warum oder warum nicht?

ÜBUNG ZUR SOFORTMASSNAHME

Schreiben Sie eine spezifische Handlung auf, die Sie unternehmen können, um Ihr Team beziehungsweise Ihr Unternehmen zu verbessern und die Leistungsstandards zu erhöhen.

NOTIZEN:

KAPITEL 3: GLAUBE

Es ist nichts ohne den Glauben an den Auftrag möglich. Eine Führungskraft muss an den Auftrag glauben, um andere von ihm zu überzeugen und dazu zu inspirieren, ihr zu folgen und so die Mission zu erfüllen. Führungskräfte müssen verstehen und erklären können, wie sehr die Handlungen des Teams Teil von etwas Größerem sind als nur sie selbst und ihre eigenen persönlichen Interessen.

Das soll nicht heißen, dass der Glaube an den Auftrag alles auf magische Weise in Gang bringt. Ohne Glauben ist zwar nichts möglich, aber der Glaube allein bewirkt auch nichts. Denn es muss gehandelt werden, und genau das macht den Glauben aus: Man erkennt den tatsächlichen Weg zum Erfolg.

Es ist nicht immer leicht, diesen Weg zu sehen und den Glauben zu finden. Die Führungskräfte müssen sich dafür von der unmittelbaren taktischen Situation lösen und verstehen können, wie diese in die größeren strategischen Ziele passt. Vor allem aber müssen sie verstehen, warum sie das tun, was sie tun. Ohne ein Warum kann man kein Team durch Unwägbarkeiten führen. Vielleicht muss die Führungskraft entlang der Befehlskette Fragen stellen, bis alle das Warum verstanden haben. Wenn die Führungskräfte an der Front und die Truppen das Warum verstehen, können sie sich vorwärtsbewegen und sofortige taktische Entscheidungen zum Erfolg treffen.

Unsere Vorgesetzten wollten in Ramadi von uns, dass Spezialeinheiten wie die Task Unit Bruiser bei allen Einsätzen von irakischen Soldaten begleitet wurden. Aber das Schlachtfeld war eine große Herausforderung und gefährlich, selbst mit einem uns vertrauten Team, auf das wir uns verlassen konnten – mit irakischen Soldaten an unserer Seite wurden die eh schon gefährlichen Kampfeinsätze noch gefährlicher. Aus diesem Grund gab es Widerstand seitens der SEALs. Der Befehl wirkte unzumutbar, also mussten wir darüber nachdenken. Warum sollte unsere Befehlskette auf die Mitnahme irakischer Soldaten bei jedem Einsatz bestehen? Sobald wir uns emotional losgelöst und über das objektive Warum nachgedacht hatten, wurde uns die Antwort klar. Wenn die Iraker nie zu eigenen Kampfeinsätzen ausgebildet und befähigt wurden, wer sollte sie dann später durchführen? Wir. Die Amerikaner. Und das würde mehrere Generationen dazu zwingen, immer wieder zurückzukehren. Daher mussten die Iraker lernen, selbst für ihre Sicherheit zu sorgen. Nachdem wir diesen Teil der Ramadi-Mission verstanden hatten, konnten wir ihn dem Rest unserer SEALs in der Task Unit Bruiser vermitteln. Dieses Verständnis half ihnen bei dem Glauben an die Mission und bei deren Ausführung. Es ist oft der Fall, dass Truppen an der Front die strategischen Ziele am wenigsten verstehen, daher ist es entscheidend, dass Führungskräfte die Strategie – das Warum – bis in die untersten Ränge erklären. Es ist aber ebenso wichtig, dass die Truppen an der Front, die einzelnen Mitarbeiter und ihre Führungskräfte Fragen stellen, um das Warum zu verstehen.

Aber der Glaube allein reicht nicht aus für den Erfolg: Ihr Team muss es auch umsetzen. Dies steht im Zusammenhang mit dem vierten Gesetz des Kampfes: Dezentralisiertes Kommando. Die Führungskraft muss nicht nur das Was der Handlungen, sondern auch das Warum erklären und dann das Team die Arbeit machen lassen. Ein Team, das an den Auftrag glaubt und ihn auch eigenständig ausführen darf, wird erfolgreich sein.

UMSETZUNG

KAPITEL 3: GLAUBE

1. Was ist Ihr Auftrag?

2. Glauben Sie voll und ganz an diesen Auftrag?

3. Wie sieht Ihr Weg zum Erfolg tatsächlich aus?

4. Welche Fragen können Sie Ihren Vorgesetzten stellen, um das Warum besser zu verstehen?

5. Wo kann Ihr Team etwas noch besser umsetzen, um allen zum strategischen Ziel zu verhelfen?

6. Kommunizieren Sie all Ihren Untergeordneten und Kollegen das Warum? Haben Sie überprüft, ob Ihr Team auf die strategischen Ziele ausgerichtet ist?

ÜBUNG ZUR SOFORTMASSNAHME

Lesen Sie sich Ihre Antwort zur sechsten Frage erneut durch. Listen Sie hier drei spezifische Punkte auf, die Sie ergreifen werden, um in der Befehlskette eine bessere Abstimmung auf den Auftrag zu gewährleisten.

NOTIZEN:

KAPITEL 4: DAS EGO UNTER KONTROLLE HALTEN

Oft werden wir gefragt: *Was ist die wichtigste Qualität einer Führungskraft?* Die Antwort darauf ist: Demut, denn der größte Killer im Gefecht, bei der Arbeit und im Leben ist das Ego. Es ist nebensächlich, ob Sie ein SEAL-Team im Häuserkampf führen, ein Kampfflugzeug mit Überschallgeschwindigkeit fliegen, Teams in einer Branche mit hohem Druck führen oder Ihre Familie anleiten: Ihr Ego vernebelt und stört einfach alles. Die Kontrolle Ihres Egos ist der Schlüssel zum Erfolg. Das sagt sich leicht, ist aber nicht leicht umzusetzen.

WENN SIE IHR EGO NICHT UNTER KONTROLLE HABEN, DANN:

- HÖREN SIE NICHT ZU.
- ENTWICKELN SIE SICH NICHT WEITER ODER VERBESSERN SICH.
- PASSEN SIE SICH NICHT AN ODER FÜHREN NEUE TECHNOLOGIEN ODER METHODEN EIN.
- RESPEKTIEREN SIE DIE KONKURRENZ NICHT.
- WERDEN SIE SELBSTZUFRIEDEN.
- KÖNNEN SIE SICH NICHT SELBST EINSCHÄTZEN.

Die US-Navy-SEAL-Teams sind eine der weltweit am besten ausgesiebten Organisationen, denn wir haben eine Abbruchrate von 70 Prozent allein während unserer Grundausbildung, dem sogenannten BUD/S. Aber auch nach jahrelangem Training für die Aufnahme in das Programm und nach mehreren Jahren Erfahrung in den SEAL-Teams gibt es weiterhin Entlassungen von Führungskräften auf der taktischen Ebene.

Wenn SEAL-Führer gefeuert werden, dann liegt das selten daran, dass sie taktisch unsicher, körperlich untauglich, des Kartenlesens unfähig oder anderweitig inkompetent sind. Wenn SEAL-Führer gefeuert werden, dann liegt das fast immer an mangelnder Demut – dass sie also ihr Ego nicht kontrollieren können. Es war also nebensächlich, wie offensichtlich ihr Versagen oder wie berechtigt die Kritik war, sie haben dennoch nicht zugehört. Sie verweigerten sich der Verantwortungsübernahme. Sie verweigerten sich der Umsetzung von Anleitungen und Anweisungen zur Verbesserung. Diese Führungskräfte konnten keine realistische, ehrliche Selbsteinschätzung vornehmen oder ihre eigenen Fehler und Versäumnisse untersuchen. Sie waren unbelehrbar, weshalb sie sich nie verbesserten, ihre Probleme bestehen blieben oder oft noch größer wurden, weshalb sie letztlich entlassen wurden. SEAL-Führer, die bereit sind zuzuhören und so viel Demut aufbringen, dass sie Verantwortung für die Teamperformance annehmen, sind – völlig unabhängig von ihrem Talent oder ihren Fähigkeiten – herausragende Führungspersönlichkeiten.

Dasselbe gilt für Führungskräfte jeglicher Funktion und Ebene sowohl in der Wirtschaft als auch im Leben. Demut ist die wichtigste Eigenschaft einer Führungskraft. Sie und Ihr Team sind schlicht zum Scheitern verurteilt, wenn Sie Ihr Ego nicht im Zaum halten können.

UMSETZUNG

KAPITEL 4: DAS EGO UNTER KONTROLLE HALTEN

1. Was sind die Warnsignale oder Selbstindikatoren, die Sie anwenden, um ein unkontrolliertes Ego bei sich selbst zu erkennen? Frustration? Wut? Eifersucht? In welchen Situationen sind sie Ihnen aufgefallen?

2. Was sind Warnsignale oder Indikatoren für das Ego bei anderen? Wie sprechen Sie solche Situationen an?

3. In welchen Situationen haben Sie Ihr Ego schon mal das Steuer übernehmen lassen, was zu Problemen führte?

4. Wie oft fordern Sie aktiv Feedback von Teammitgliedern oder Ihren Vorgesetzten ein? Was machen Sie mit diesem Feedback?

5. Was machen Sie beim nächsten Mal, wenn Ihr Ego außer Kontrolle gerät? Listen Sie spezifische Handlungen auf, die Sie dann vollziehen werden.

ÜBUNG ZUR SOFORTMASSNAHME

Nehmen Sie eine ehrliche, realistische Selbsteinschätzung Ihrer Führungsqualität vor. Füllen Sie also das Formular zur Übung des Echelon-Front-Gleichgewicht-Assessments aus, identifizieren Sie einen Bereich, der aus dem Gleichgewicht geraten ist und den Sie beheben müssen, und schreiben Sie auf, welche konkreten Schritte zur Problemlösung Sie unternehmen werden.

Zugriff auf das Gleichgewicht-Assessment-Formular[2]: https://echelonfront.com/balance-assessment/
Passwort: Humility

NOTIZEN:

2 Das Formular gibt es nur auf Englisch (Anm. d. Verlags).

TEIL 2:

DIE GESETZE DES KAMPFES

DIE GESETZE DES KAMPFES

FÜHRUNG ist der wichtigste Faktor auf dem Schlachtfeld. Auch wenn die Ausrüstung, Waffen, Intelligenz, Taktik und Strategie eine Rolle spielen, so ist doch die Führungsqualität der allerwichtigste Faktor für den Erfolg oder Misserfolg eines Teams.

Aus unserer Zeit in Ramadi waren die erlernten Führungslektionen unsere wichtigsten Souvenirs, und unsere Mission war es nun, diese Lektionen an die nächste Generation der SEAL-Führer weiterzugeben. Jocko übernahm das Kommando über das West Coast Training Detachment, das für die Ausbildung und Vorbereitung aller SEAL-Teams an der Westküste für den Einsatz in Kriegsgebieten zuständig ist. Die erste Trainingseinheit, die Jocko beobachtete, war eine reine Katastrophe: Der SEAL-Platoon-Führer hatte kaum eine Kontrolle über die Situation, die einzelnen Elemente unterstützten sich nicht gegenseitig und es herrschte während der gesamten Übung allgemeines Gefühl von Chaos. Die Platoon-Führung hatte eindeutig die zugrunde liegenden Kampfprinzipien nicht verstanden. Jocko dachte also über die Lektionen nach, die er im Laufe seiner Karriere von anderen SEAL-Führern erlernt hatte und die von der Schlacht von Ramadi verfestigt worden waren, um diese Lehren dann auf die vier Gesetze des Kampfes herunterzubrechen:

1. DECKUNG UND BEWEGUNG
2. EINFACH
3. PRIORITÄTEN SETZEN UND AUSFÜHREN
4. DEZENTRALES KOMMANDO

Wir vermittelten nun diese Gesetze den jungen SEAL-Offizieren und den beteiligten höheren Führungskräften. Die »Gesetze des Kampfes« wurden der Rahmen für strukturiertes Feedback, das unsere Workshop-Leiter den SEAL-Zügen mit auf den Weg gaben. Wir hatten beim Sieg in Ramadi einen hohen Preis dafür bezahlt, dass wir die Gesetze des Kampfes erlernen konnten, und die Weitergabe dieser Lektionen und Gesetze des Kampfes an Führungskräfte aller Ebenen ist unsere Art, um diejenigen, die das ultimative Opfer gebracht haben, zu ehren.

In dem Wissen, dass Führung das Wichtigste auf dem Schlachtfeld ist, beantworten die Regeln des Kampfes die absolut grundlegende Frage: Wie führen wir?

Die Gesetze des Kampfes sind die Handlungen und Verhaltensweisen, die wir bei den besten Führungskräften und Teams beobachten konnten. Immer wenn ein Team auf Schwierigkeiten stößt und Ziele nicht erreicht, stellen wir hinterher fest, dass es gegen eines oder sogar mehrere dieser Gesetze verstoßen hat. Diese Gesetze stehen nicht für sich allein, sondern unterstützen sich gegenseitig. Alle vier sind erforderlich, damit die Führungskraft und das Team auf höchstem Niveau arbeiten können. Schauen wir uns die einzelnen Gesetze des Kampfes im Folgenden genauer an.

NOTIZEN:

KAPITEL 5: DECKUNG UND BEWEGUNG

DECKUNG und Bewegung ist eine Taktik im Feuergefecht. Sie ist vielleicht sogar die grundlegendste und einzig wahre Taktik im Feuergefecht. Sie bedeutet im Kern, dass alle Mitglieder einer Einheit zusammenarbeiten und sich gegenseitig beim Erfüllen des Missionszwecks unterstützen. In einem Feuergefecht sorgt eine Gruppe für Deckungsfeuer, um den Feind in Schach zu halten, damit wiederum die andere Gruppe in eine taktisch bessere Position vorrücken kann. Dann tauschen sie die Rollen, wobei nun die Gruppe, die sich vorher bewegt hat, jetzt Deckungsfeuer gibt, damit die andere Gruppe vorrücken kann. Sie fahren mit diesem Rollentausch des Deckens und Bewegens so lange fort, bis sie schließlich ihr Ziel erreicht und den Feind besiegt haben. Wenn die eine Gruppe die Deckung aufgibt, während sich die andere inmitten des Gefechts bewegt, ist diese nun dem feindlichen Feuer ausgeliefert und könnte verwundet oder gar getötet werden. Dies dürfte wahrscheinlich zum Scheitern der Mission führen.

Dieser Grundsatz lässt sich auch für Unternehmen oder andere Organisationen mit verschiedenen Abteilungen und Funktionen, die auf ein gemeinsames Ziel hinarbeiten, ansetzen. Die besten Organisationen finden Wege zur Zusammenarbeit und der gegenseitigen Unterstützung. Sie konkurrieren also nicht und arbeiten auch nicht unabhängig voneinander. Es kann furchtbare Folgen für die Gesamtperformance haben, wenn sich einzelne Teile eines Teams nicht an dieses Prinzip halten und ihren eigenen Erfolg über den des Teams stellen.

In allen Teams kommt es zu Spaltungen, und oft sind kleinere Teams innerhalb einer Organisation so auf ihre unmittelbaren Aufgaben fokussiert, dass sie die Aufgaben und auch die Abhängigkeiten anderer Teams von ihrer eigenen Arbeit vergessen. Diese Teams manövrieren sich dann manchmal in eine Konkurrenzsituation, was bei Hindernissen zur Entstehung von Feindseligkeiten und Schuldzuweisungen führt. Dies fördert dann ungesunde und vor allem die Performance beeinträchtigende Reibungen zutage. Die Führungskräfte müssen sich also stets vor Augen halten, dass die strategische Mission des gesamten Unternehmens an allererster Stelle steht.

Entgegen der oft getroffenen Annahme ist nicht die Befehlskette oder die durch das Organigramm zugewiesene Autorität die wichtigste Triebfeder für das Prinzip der Deckung und Bewegung. Die Beziehungen sind sowohl im Militär als auch in der Privatwirtschaft der wichtigere Faktor. Beziehungen sind die bei Weitem wichtigste Komponente für eine effektive Deckung und Bewegung. Es ist entscheidend, dass Sie starke Beziehungen zu jenen aufbauen, mit denen Sie zusammenarbeiten und auf die Sie angewiesen sind – aber auch zu jenen, die auf Sie angewiesen sind. Sie müssen dementsprechend ein Verständnis für die anderen Rollen in Ihrem Unternehmen entwickeln und das Vertrauen zwischen den einzelnen Teammitgliedern stärken, denn je stabiler diese Beziehungen sind, desto wahrscheinlicher ist es, dass Sie proaktiv die notwendige Deckung für die Bewegung eines anderen Teams bieten können – und umgekehrt.

Das Prinzip der Deckung und Bewegung wird mit zunehmender Größe des Unternehmens schwieriger, denn die größeren unter ihnen benötigen meist eine zusätzliche Spezialisierung bei den Funktionen und Rollen für eine gute Bereitstellung ihrer Produkte und Dienstleistungen. Diese Spezialisierung erzeugt jedoch einen Sog, der Teams und Abteilungen voneinander wegdriften lässt. Daher müssen Führungskräfte aller Ebenen aktiv nach Möglichkeiten suchen, um diese Barrieren und natürlich entstehenden Silos aufzubrechen, zum Beispiel indem sie anderen Teams bei ihrem Teil der Mission helfen.

Behalten Sie dabei immer im Kopf, dass sich der Feind außerhalb des Zauns befindet, und mit »Zaun« meinen wir die äußere Verteidigungslinie um eine militärische Operationsbasis herum. Nicht die anderen Teammitglieder sind der »Feind«, sondern Ihre Konkurrenz. Erinnern Sie sich und Ihr Team also immer wieder daran, dass andere Mitglieder, Abteilungen, Kunden und alle, auf die Sie bei Ihrem Auftrag angewiesen sind, Teil Ihres Teams sind. Sie müssen gute, stabile und professionelle Beziehungen zu ihnen aufbauen, damit Sie sich gegenseitig bei der Deckung und Bewegung helfen können.

Jedes Teammitglied ist ein wichtiger Faktor für den Erfolg, wobei die Haupt- und Nebenaufgaben klar definiert sein müssen. Wenn das Team versagt, dann versagen alle. Es ist also die gesamte Gruppe gescheitert, wenn der Auftrag selbst unerfüllt bleibt, auch wenn ein bestimmtes Mitglied oder Element des Teams die eigene Aufgabe erfüllt hat: Alle Teammitglieder müssen ihren Beitrag zum Gesamterfolg der gesamten Gruppe leisten. Erst wenn das Team gewinnt, gewinnen auch alle, dafür haben aber auch alle Teammitglieder Anteil am Erfolg, und die Erfüllung des Auftrags hat die höchste Priorität. Wer Deckung und Bewegung verstanden hat, der versteht auch, dass es nicht um den Einzelnen geht, sondern um die Mission.

UMSETZUNG

KAPITEL 5: DECKUNG UND BEWEGUNG

1. Wen decken Sie? Innerhalb Ihres Teams/Unternehmens? Außerhalb Ihres Teams/Unternehmens?

2. Wer deckt Sie? Innerhalb Ihres Teams/Unternehmens? Außerhalb Ihres Teams/Unternehmens?

3. Ich welchen Bereichen könnten Sie die anderen besser unterstützen?

4. Wobei brauchen Sie von den anderen noch mehr Unterstützung?

5. Was behindert die abteilungsübergreifende Zusammenarbeit?

6. Was behindert die Arbeit mit Kollegen, Abteilungen oder mit Menschen außerhalb Ihres Teams/Unternehmens?

ÜBUNG ZUR SOFORTMASSNAHME

Wer ist diese eine, diese wichtigste Person, mit der Sie Ihre berufliche Beziehung in den nächsten 30 Tagen verbessern müssen, damit Ihr Team/Unternehmen etwas erfolgreich beenden kann? Welche Schritte werden Sie unternehmen, um diese Beziehung zu verbessern?

NOTIZEN:

KAPITEL 6:
EINFACH

EIN Gefecht hat, wie alles im Leben, eine gewisse Komplexität. Daher ist es für den Erfolg entscheidend, dass möglichst viel vereinfacht wird. Übermäßig komplexe Pläne und Befehle sind für Menschen unverständlich, und wenn etwas schiefgeht – was unweigerlich passieren wird –, kann dieses mangelnde Verständnis zu einem katastrophalen Ergebnis führen. Pläne und Anweisungen müssen einfach, klar und prägnant formuliert sein.

Dieser Grundsatz ist nicht nur auf das Schlachtfeld beschränkt, denn auch die Geschäftswelt ist komplex. Einfache Pläne und Kommunikation sind der Schlüssel zum Erfolg eines jeden Teams im Kampf, im Geschäft oder im Leben. Die besten Führungskräfte erstellen Pläne, die alle bis zur untersten Unternehmensebene verstehen können. Die einfachsten Pläne sind die genialsten, weil sie von den Mitarbeitern und deren Vorgesetzten an vorderster Front umgesetzt werden können.

Alle Teammitglieder müssen ihre Rolle bei der Aufgabenerfüllung kennen, verstehen und wissen, was bei wahrscheinlichen Unwägbarkeiten zu tun wäre. Wenn sie dies nicht verstehen, können sie es nicht umsetzen. Dafür gibt es einen simplen Test mit nur zwei möglichen Antworten: Verstehen Ihre Mitarbeiter den Auftrag oder nicht? Wie können Sie das feststellen? Nicht, indem Sie sie fragen, denn wenn Sie das tun, werden die meisten schlicht »Ja« antworten. Lassen Sie sie vielmehr ihren Teil der Mission erklären. Dies ist beim Militär das sogenannte »Readback-Verfahren«. Sie können dabei feststellen, wenn Ihr Team seine Rolle und wichtigen Aufgaben wiederholt, ob Sie die Aufgabe verständlich erklärt haben und sie dementsprechend auch korrekt verstanden wurde. Für Sie als Führungskraft spielt es keine Rolle, wie gut Sie denken, dass Sie die Informationen präsentiert haben, denn wenn Ihr Team es nicht verstanden hat, haben *Sie* versagt. Aber ohne Führungsrolle liegt es wiederum an Ihnen, Fragen zu stellen und den Plan genug zu verstehen, um ihn ausführen zu können.

Das Wichtigste beim Thema »Einfach« ist die Erschaffung einer Kultur, in der alle, also wirklich alle von den Mitarbeitern an vorderster Front bis zum mittleren und höheren Management, Fragen stellen können. Wenn Sie selbst den Auftrag, Ihre Rolle oder Ihre Verantwortlichkeiten nicht in Gänze verstehen, dann erwarten Sie bitte nicht, dass Ihr Chef Ihre Gedanken lesen kann, sondern übernehmen Sie Verantwortung und bitten Sie um (weitere) Klärung.

Diese Bitte sollte so lange gefördert werden, bis sie ein fester Bestandteil der Unternehmenskultur ist. Das »Einfach« hängt ganz von Ihrer Bereitschaft und der Ihres Teams ab, die Hand zu heben und nach weiteren Informationen zu fragen. Sie müssen also Ihren Plan so formulieren, dass Sie dafür effektiv Anweisungen zum Verständnis aller geben können.

Wenn jemand den Plan oder die ihm gegebenen Mitteilungen nicht versteht, kann er auf keinen Fall umgesetzt werden. Aber lassen Sie sich davon nicht frustrieren, sondern werfen Sie lieber einen Blick auf sich selbst und stellen Sie sicher, dass Sie das zweite Gesetz des Kampfes befolgt haben: einfach.

UMSETZUNG

KAPITEL 6: EINFACH

1. Wie lautet die Mission Ihres Unternehmens?

2. Haben alle über und unter Ihnen in der Befehlskette die Mission verstanden?

3. Wie treten Sie mit Ihren Vorgesetzten in Kontakt, um den Plan besser verstehen zu können?

4. Wie finden Sie heraus, ob Ihre Untergebenen und Ihre Kollegen verstanden haben, was Sie ihnen kommunizieren wollen?

5. Wie deutlich ist Ihre Kommunikation nach oben und nach unten in der Befehlskette? Wie stellen Sie das fest?

6. Welcher Prozess ist zu komplex? Und warum? Wie können Sie ihn vereinfachen?

ÜBUNG ZUR SOFORTMASSNAHME

An welcher Stelle müssen Sie Ihre Kommunikation noch vereinfachen, verdeutlichen und prägnanter gestalten? Welche Schritte werden Sie einleiten, um Ihre Kommunikation in alle Richtungen der Befehlskette, also der Hierarchie, zu verbessern? Sowohl beruflich als auch privat.

NOTIZEN:

KAPITEL 7: PRIORITÄTEN SETZEN UND AUSFÜHREN

WIR haben uns alle schon mal in Situationen wiedergefunden, in denen Unzähliges gleichzeitig erledigt werden musste und uns ein Gefühl der Überforderung übermannte. Oft werden diese Probleme von einem Schneeballeffekt verstärkt, bei dem jede einzelne Herausforderung komplex ist und Aufmerksamkeit erfordert. Im Gefecht können selbst die besten Anführer nicht mehrere Probleme gleichzeitig lösen. Erfolg beginnt damit, dass man die höchste Priorität bestimmt und diese Aufgabe dann auch umsetzt.

Die Führer müssen die Situation lesen, die zahlreichen Probleme analysieren, das Problem mit der höchsten Priorität festlegen und darauf reagieren. Alle nötigen Ressourcen sollten sich also, auf dieser Reaktion basierend, auf die Zielerreichung oder die Problemlösung konzentrieren, die wiederum die größte Relevanz für die gegebene Situation hat. Sobald das am höchsten priorisierte Problem gelöst wurde, gehen Sie zur nächsten Priorität über und setzen diese um. Dieser Prozess wird so lange fortgesetzt, bis alle Probleme gelöst wurden. Wenn Sie also nicht weiterwissen, müssen Sie sich losmachen.

Leider ist das leichter gesagt als getan, denn wir sind oft emotional mit den Menschen und Problemen verbunden, denen wir begegnen. Im Gefecht und in jeder anderen Umgebung mit einer gewissen Dynamik wird man schnell in die Situation hineingezogen, in der wir dann mit Emotionen reagieren. Das ist menschlich. Aber eine Führungskraft muss die richtigen Entscheidungen treffen, ohne sich von ihren Gefühlen lenken zu lassen. Sie muss sich also in stressigen Situationen davon lösen. Ziehen Sie sich aus dem Chaos der unmittelbaren Situation heraus und verschaffen Sie sich den nötigen Abstand (im wörtlichen oder im übertragenen Sinne), um die Probleme objektiv betrachten zu können. Wir müssen uns auch von unseren Emotionen lösen und sie unter Kontrolle halten, um die besten Entscheidungen für das Team und die Mission zu treffen – was wieder auch eine beruhigende Wirkung auf diejenigen haben wird, die Sie durch diese dynamische Situation führen.

Wenn sie sich überfordert fühlen, selbst in den schwierigsten Kampfsituationen, trainieren wir unsere SEAL-Führungskräfte darin, dass sie sich:

ENTSPANNEN. UMSCHAUEN. ANRUFEN.

ENTSPANNEN Atmen Sie tief ein und beruhigen Sie sich so selbst. Niemand trifft gute Entscheidungen, wenn er aufgewühlt oder hochgradig emotional ist.

UMSCHAUEN Lösen Sie sich, ganz wortwörtlich, von den direkt vor Ihnen befindlichen Details der Situation. Das bedeutet für einen Führer im Gefecht, dass man das Auge vom Visier nimmt, die Waffe gen Himmel richtet und einen Schritt zurückgeht, um das Schlachtfeld vor sich in Gänze wahrnehmen zu können und so dann für die Lösung des Problems die Liste an nötigen Handlungen zu bewerten. Das ist im unternehmerischen Kontext ähnlich: Nehmen Sie sich selbst aus dem Chaos, aus den direkten Handlungen heraus, und verschaffen Sie sich mit ein wenig Abstand die nötige Klarheit, um die strategischen Prioritäten zu setzen. Das wird Ihnen dabei helfen, besser das tatsächlich Wichtige zu bewerten.

ANRUFEN Treffen Sie eine Entscheidung und verbreiten Sie diese im Team. Richten Sie dann Ihre Ressourcen darauf aus, die möglichst einflussreichste Handlung oder Priorität für die Gesamtsituation in Angriff zu nehmen, und, das ist am wichtigsten, führen Sie diese dann auch aus.

Wenn Sie unter Druck stehen, müssen Sie in der Lage sein, sich »zu entspannen, umzuschauen und anzurufen«, um Prioritäten zu setzen und auszuführen. Letzteres wird jedoch in äußerst stressigen Situationen weitaus einfacher für Sie, wenn Sie vorher über mögliche Eventualitäten nachgedacht haben, noch bevor sie entstehen konnten. Wenn Sie zudem Ihr Team gut über die Prioritäten in einem solchen Fall möglicher Eventualitäten instruiert haben (oder wenn Sie die Perspektive Ihres Vorgesetzten verstanden haben), kann das Team selbstständig Prioritäten setzen und diese ausführen, ohne auf Ansagen von oben warten zu müssen. Das ist das Markenzeichen der effektivsten Teams, weil sie erfahrene Führungskräfte haben, die mehrere Schritte vorausdenken und die größeren strategischen Prioritäten im Blick behalten.

Die Prioritäten in der Geschäftswelt und im Leben können, wie auch im Gefecht, sich rapide ändern. Wenn dies passiert, müssen Sie sicherstellen, dass Sie diese Veränderung dem Rest des Teams mitteilen, und das sowohl nach oben als auch nach unten in der Befehlskette. Teams konzentrieren sich in stressigen Situationen gern auf ein einziges Ziel oder eine Priorität, auch wenn wichtigere Prioritäten auftreten. Daher müssen Führer wie auch die Teammitglieder sich die Fähigkeit bewahren, dann schnell die Ressourcen neu zu verteilen und sich dem einem kontinuierlichen Wandel unterstehenden Schlachtfeld oder Umfeld anzupassen.

UMSETZUNG

KAPITEL 7: PRIORITÄTEN SETZEN UND AUSFÜHREN

1. Welche sind Ihre wichtigsten Prioritäten?

2. Bekommen Sie von Ihren Vorgesetzten klare Prioritäten dargelegt?

3. Welche Probleme erleben Sie am häufigsten? Welche Notfallpläne haben Sie für diese Fälle ausgearbeitet?

4. Wie oft wechseln die Prioritäten? Wie reagieren Sie darauf?

5. Welche Warnsignale oder Selbstindikatoren für emotionale Eskalation oder ein sich aufbäumendes Ego bei Ihnen oder anderen sagen Ihnen, dass es Zeit für ein Loslösen ist?

ÜBUNG ZUR SOFORTMASSNAHME

Nennen Sie drei Gelegenheiten – beruflicher oder privater Natur –, bei denen Sie diese Woche das »Loslösen« üben können. Schreiben Sie auf, was passiert ist, wie Sie sich von der Situation gelöst haben, wie diese dank des Loslösens besser wurde und was Sie in Zukunft noch verbessern können.

NOTIZEN:

KAPITEL 8: DEZENTRALES KOMMANDO

ALLE FÜHREN.

DAS TEAM MUSS DIE AUFGABEN UND DAS WARUM DAHINTER VERSTEHEN.

WARTEN SIE NICHT AUF BEFEHLE. FÜHREN SIE.

Dezentralisiertes Kommando bedeutet, dass alle führen. Beim vierten Gesetz des Kampfes müssen alle Führer auf allen Ebenen die Gesamtmission (die Befehlsabsicht) verstanden haben und wissen, dass sie eigenständig Entscheidungen über Schlüsselaufgaben treffen dürfen, die zur Erfüllung dieser Mission erforderlich sind. Und dafür müssen die Teammitglieder verstehen, warum sie tun, was sie tun.

Alle müssen den Auftrag verstanden haben, um führen zu können – also den Endzustand, auf den alle hinarbeiten, und die Parameter, innerhalb derer alle ihre jeweiligen Entscheidungen treffen können beziehungsweise außerhalb derer sie es eben nicht können. Das Warum, also der Zweck ihrer jeweiligen tatsächlichen Aufgabe, muss allen deutlich sein. Dies wird auch »Befehlsabsicht« genannt, also das Ziel der Aufgabe oder Mission.

Wenn Sie selbst oder Ihre Mitarbeiter auf die nächste Vorgabe oder Aufgabenverteilung warten, haben Sie das Dezentrale Kommando nicht richtig implementiert. Die effektivsten Teams *sehen* die nötigen Aufgaben, die zur Erreichung des strategischen Ziels notwendig sind, und sie erledigen sie auch ohne ausdrückliche Anweisungen. Wenn Sie jemand um die Entscheidungen für sich auffordert, dann seien Sie bitte nicht der »simple Knopf«, den alle drücken können, und gehen Sie dieser Aufforderung nicht einfach nach. Fragen Sie stattdessen denjenigen, was seiner Meinung nach getan werden sollte, um diese Person dann zu eigenen Entscheidungen zu ermutigen und zu befähigen.

Auch die Mitarbeiter an der vordersten Front oder solche, die nur für sich selbst zuständig sind, müssen die Mission verstanden haben, damit das Prinzip des Dezentralen Kommandos funktionieren kann, denn von ihnen allen wird dann erwartet, dass sie die Führung übernehmen, eigenständig Lösungen für ihre Probleme finden und nach neuen nutzbaren Chancen suchen. Der Mitarbeiter, der sich tatsächlich in der Situation befindet, ist schließlich dem Problem am nächsten und weiß am besten, wie man es lösen kann.

Wenn man das Warum hinter den eigenen Aufgaben versteht, kann man führen und Probleme auch ohne Befehle anderer lösen. Wenn Sie für ein Team verantwortlich sind, sollten Sie das Warum durchdenken und Ihrem Team erklären. Wenn Sie nicht die Verantwortung tragen, aber das Warum nicht verstehen, sollten Sie nachhaken. In beiden Fällen sind Sie selbst dafür verantwortlich, dass Sie es wissen, damit Sie führen können.

Der effektive Einsatz des Dezentralen Kommandos setzt die Festlegung der Parameter für alle Mitarbeiter durch die Führungskraft voraus. Jedes Teammitglied muss genau verstanden haben, was Teil ihrer Entscheidungsbefugnis ist – die jeweiligen Grenzen ihres Verantwortungsbereichs. Außerdem obliegt es den Teammitgliedern, den Chef um deutliche Vorgaben zu bitten, falls etwas nicht ganz klar sein sollte. Diese Klarheit hilft dann allen für ein zuversichtliches Handeln und entschlossenes Vorgehen. Darüber hinaus müssen Teammitglieder Informationen und Entscheidungen, die nicht in ihren Zuständigkeitsbereich fallen, an ihre Vorgesetzten weiterleiten, damit diese die geeigneten Maßnahmen ergreifen können. Allerdings fragen die besten Führungskräfte nicht: »Was soll ich Ihrer Meinung nach tun?«, sondern geben Empfehlungen zur Problemlösung nach oben in die Befehlskette weiter.

UMSETZUNG

KAPITEL 8: DEZENTRALISIERTES KOMMANDO

1. Erklären Sie das Warum hinter Ihrer Mission oder Ihrer wichtigsten Aufgabe. Verstehen alle Mitglieder Ihres Teams das Warum? Wie können Sie es ihnen erklären helfen?

2. Nehmen die Menschen in Ihrem Team Projekte/Aufgaben an und erledigen sie selbstständig oder warten sie auf spezifische Vorgaben von den Führungskräften?

3. Verstehen Sie die Parameter, innerhalb derer Sie eigenständig Entscheidungen treffen können und außerhalb derer Sie dies ohne Erlaubnis nicht können? Wenn ja, wie können Sie Ihr Wissen und Vertrauen in diese Parameter verstärken? Wenn nein, wie können Sie sich ein klareres Bild und ein besseres Verständnis über diese Parameter verschaffen?

4. In welchen Bereichen sind Sie der »simple Knopf«, den Ihr Team oder Ihre Kollegen drücken können, weil Sie die Entscheidungen anderer treffen beziehungsweise deren Probleme lösen, statt sie für eigenmächtige Handlungen zu schulen?

5. Wie bereiten Sie Ihre Untergebenen oder Ihr jüngeres Personal auf Führung vor? Wenn Sie ein Mitarbeiter sind, der nur für sich selbst zuständig ist, wie bereiten Sie sich auf die Führung vor?

6. Welche Indikatoren legen nahe, dass Sie zu »dezentralisiert« geworden sind?

7. Wird bei Ihnen Mikromanagement betrieben? Warum? Was können Sie tun, damit die Führungskräfte mehr Vertrauen in Sie haben?

8. Betreiben Sie Mikromanagement? Warum? Was können Sie tun, damit Sie mehr Vertrauen in Ihr Team haben?

ÜBUNG ZUR SOFORTMASSNAHME

OPTION A: ALS FÜHRUNGSKRAFT

Fragen Sie Ihre jüngeren Führungskräfte oder Teammitglieder, was sie für die beste Lösung/Beseitigung eines bestimmten Problems oder Hindernisses halten würden, mit dem Ihr Team sich gerade konfrontiert sieht. Wenn die Antwort sinnvoll ist, lassen Sie sie damit arbeiten. Falls die Lösung aufgrund von Zeit- oder Ressourcenbeschränkungen angepasst werden muss, stellen Sie dem Team Leitfragen, um sie zu den erforderlichen Anpassungen anzuleiten und diese selbstständig vorzunehmen. Falls die Lösung schlicht unmöglich umgesetzt werden kann, dann erklären Sie ihnen das Warum und ermutigen Sie sie zur Entwicklung weiterer Lösungen von Problemen/Hindernissen.

____

____

____

____

ÜBUNG ZUR SOFORTMASSNAHME

OPTION B: ALS MITARBEITER, DER NUR FÜR SICH SELBST ZUSTÄNDIG IST

Beurteilen Sie ein Problem oder ein Hindernis, mit dem sich Ihr Team konfrontiert sieht, und finden Sie einen wirksamen Lösungsansatz für das Problem (innerhalb des angemessenen Zeit- und Ressourcenrahmens). Holen Sie sich bei Ihren Kollegen eine ehrliche Bewertung der Idee ein und, wenn sie diese unterstützen, finden Sie einen geeigneten Zeitpunkt, um die Empfehlung in der Hierarchie nach oben weiterzugeben. Falls Ihre Idee keine Zustimmung finden sollte, ist das nicht schlimm, nehmen Sie die Entscheidung voller professioneller Akzeptanz an, passen Sie Ihre empfohlene Lösung den gegebenen Zeit- oder Ressourcenbeschränkungen an und bewerten Sie das Problem aus einer neuen Perspektive. Oder wenden Sie sich ganz einem anderen Problem/Hindernis zu und entwickeln Sie dessen Lösung.

____

____

____

____

NOTIZEN:

TEIL 3:
DEN SIEG BEWAHREN

KAPITEL 9: PLANUNG

KAPITEL 10: FÜHREN INNERHALB DER BEFEHLSKETTE

KAPITEL 11: ENTSCHLOSSENHEIT BEI UNGEWISSHEIT

KAPITEL 12: DISZIPLIN GLEICH FREIHEIT – DER ZWIESPALT DES FÜHRENS

KAPITEL 9: PLANUNG

GUTE Planung ist der entscheidende Erfolgsfaktor jeder Operation, jedes Projekts und jeder Aufgabe. Die Führungskräfte müssen den Auftrag verstehen, sie müssen zudem sicherstellen, dass auch ihre Mitarbeiter den Auftrag verstehen. Was wir beim Militär als »Befehlsabsicht« bezeichnen, ist eigentlich nur der strategische Zweck hinter der taktischen Operation – ein anderes Wort für das Verständnis des Warum hinter einer Mission. Das Verständnis der Befehlsabsicht ermöglicht den unterstellten Führern und den Truppen an vorderster Front die Entwicklung wirksamer Pläne und Entscheidungsfindung in Echtzeit vor Ort. Wenn Sie an vorderster Front arbeiten, dann vergewissern Sie sich, dass Sie die Befehlsabsicht Ihres Chefs verstanden haben. Falls nicht, fragen Sie nach.

Bei der Planausarbeitung sollten die Führungskräfte möglichst viel des Prozesses an die ihnen unterstellten Führungskräfte und deren Teams delegieren. Wenn man den Mitarbeitern an vorderster Front die Verantwortung für den Plan überträgt, können sie die Gründe für ihn auch besser verstehen und werden in ihrem Glauben an die Mission bestärkt. Dies wiederum führt zu einer effektiven Ausführung vor Ort. Wie schaffen Sie es, dass sich das Team für Ihren Plan einsetzt? Übertragen Sie die Verantwortung. Es ist immer besser, wenn Sie den Plan eines Teammitglieds, auch wenn er nur eine 70-prozentige Lösung darstellt, übernehmen, als wenn Sie Ihren eigenen Plan mit einer 90-prozentigen Lösung umsetzen wollen. »Warum?«, fragen Sie sich jetzt vielleicht. Weil jemand, der einen Plan entwickelt und dafür verantwortlich ist, meist einen erfolgreichen Weg zur Überwindung von Problemen und Hindernissen findet. Wenn Sie aber Ihrem Team Ihren Plan aufzwingen, alle Aspekte und eine Befolgung des Plans vorschreiben, dann wird das Gegenteil der Fall sein: Das Team erwartet von Ihnen alle Problemlösungen. Wenn Sie aber delegieren, übertragen Sie dem Team nicht nur die Verantwortung für den Plan, sondern geben ihm auch die Chance, als Führungskräfte zu wachsen und zu lernen. Als jüngeres Teammitglied sollten Sie wiederum jede erdenkliche Möglichkeit zur Verantwortungsübernahme eines Aspekts des Plans nutzen.

Leitende Angestellte müssen den gesamten Planungsprozess überwachen, ohne sich dabei in den Details zu verzetteln. Geben Sie Ihren wichtigsten Führungskräften die strategischen Ziele, die Befehlsabsichten und einige Parameter vor, innerhalb derer sie arbeiten sollen, und lassen Sie sie ihren eigenen Teil der Mission selbst planen. Es ist das Ziel, dass die obersten Führungskräfte die strategischen Ziele sicherstellen, aber sich gleichzeitig »zurücknehmen und das taktische Genie im Hintergrund« sind, also mögliche Schwachstellen oder Lücken im Plan aufdecken, die denjenigen, die sich um die Details kümmern müssen, entgangen sein könnten.

Während der Briefing-Phase müssen die Führungskräfte helfen, die Informationen zu priorisieren, damit sie einfach, klar und prägnant präsentiert werden können. Dieser Planungs- und Briefingprozess muss die Diskussionen, Fragen und Klarstellungen aller Beteiligten fördern, das heißt, dass die Führungskräfte die Interaktion fördern und sicherstellen sollten, sodass ihre Teams den Plan verstehen.

DER TEST FÜR EIN ERFOLGREICHES BRIEFING IST EINFACH:
VERSTEHEN DAS TEAM UND DIE SIE UNTERSTÜTZENDEN MENSCHEN ALLES?

Der Plan soll Risiken entschärfen, aber es gibt welche, die sich nicht entschärfen lassen, weshalb sich die Führungskräfte auf die kontrollierbaren Risiken konzentrieren sollten. Führungskräfte müssen damit klarkommen, dass es immer ein gewisses Risikolevel geben wird, wie John Paul Jones es formuliert: »Diejenigen, die keine Risiken eingehen, können auch keine Erfolge einfahren.«

Es ist wichtig, das Team nach einer Planausführung für eine Nachbesprechung (Debriefing) zusammenzubringen, in der auch alles diskutiert wird, was man hätte besser machen können. Dafür muss die Führungskraft fest Zeit einplanen. Während dieses Treffens müssen alle äußerst ehrlich mit sich ins Gericht gehen und analysieren, was man selbst und das Team leisten kann, um bei der nächsten Mission eine bessere Performance abzuliefern.

DIE PLANUNGSCHECKLISTE EINER FÜHRUNGSKRAFT SOLLTE DAS FOLGENDE BEINHALTEN:

ANALYSIEREN Sie die Mission. Verstehen Sie die Mission der Menschen über Ihnen in der Hierarchie, die Befehlsabsicht und den Endzustand (das Ziel). Identifizieren und formulieren Sie Ihre eigene Befehlsabsicht und den Endzustand für eine bestimmte Mission.

ERMITTELN Sie alles, was zur Verfügung steht: Personal, Aktivposten, Ressourcen und Zeit.

DEZENTRALISIEREN Sie den Planungsprozess. Befähigen Sie die wichtigsten Führungskräfte innerhalb des Teams, um den bestmöglichen Handlungsablauf zu analysieren.

BESTIMMEN Sie den spezifischen Handlungsablauf. Wählen Sie dafür am ehesten den einfachsten aus. Konzentrieren Sie Ihre Anstrengungen auf den besten Handlungsablauf (falls mehrere zur Auswahl stehen).

ERMÄCHTIGEN Sie die wichtigsten Führungskräfte dazu, den Plan für den ausgewählten Handlungsablauf aufzustellen.

PLANEN Sie für Eventualitäten in jeder Phase der Operation.

MINIMIEREN Sie kontrollierbare Risiken.

DELEGIEREN Sie Teile des Plans und instruieren Sie wichtige Führungskräfte der unteren Ebenen. Halten Sie sich als taktisches Genie im Hintergrund.

BEWERTEN, überprüfen und hinterfragen Sie kontinuierlich den Plan im Licht neuer Informationen, um sicherzustellen, dass er nach wie vor der Situation angemessen abläuft.

INSTRUIEREN Sie alle Teilnehmer und unterstützendes Personal in Bezug auf den Plan. Stellen Sie Fragen und fördern Sie sowohl die Diskussion als auch die Interaktion mit dem Team, um sicherzustellen, dass alle den Plan verstehen.

LEITEN und führen Sie ein Debriefing nach der Ausführung durch. Gehen Sie die gelernten Lektionen durch und implementieren Sie diese für die zukünftige Planung.

PLANUNGSLISTE

- ☑ VERSTEHEN ALLE INVOLVIERTEN DIE BEFEHLSABSICHT? DAS WIRD IHNEN BEI DER ENTSCHEIDUNGSFINDUNG IN BEZUG AUF DIE LANGFRISTIGE STRATEGIE HELFEN.
- ☑ HABEN DIE MITARBEITER AN VORDERSTER FRONT VERANTWORTUNG ODER HELFEN SIE BEI DER AUSARBEITUNG DES PLANS AUS (WURDE DIE PLANUNG DEZENTRALISIERT)? HABEN DIESE MENSCHEN DIE NÖTIGEN RESSOURCEN FÜR EINEN ERFOLGREICHEN ABSCHLUSS?
- ☑ SIND DIE AUSFÜHRENDEN ORGANE FÜR DEN PLAN VERANTWORTLICH? DENKEN SIE DARAN, DASS DIE ÜBERNAHME VON VERANTWORTUNG SIE DAZU ANSPORNT, AUFTRETENDE PROBLEME ZU LÖSEN UND DEN ERFOLG SICHERZUSTELLEN.
- ☑ KONZENTRIEREN SICH DIE LEITENDEN FÜHRUNGSKRÄFTE AUF DIE STRATEGISCHEN ZIELE STATT AUF ZU VIELE DETAILS? SIND FÜHRUNGSKRÄFTE EHER DIE »TAKTISCHEN GENIES« IM HINTERGRUND, DIE DEN PLAN VERBESSERN?
- ☑ IST DER PLAN MÖGLICHST EINFACH? WIRD DER PLAN AUF EINFACHE ART KOMMUNIZIERT? VERSTEHEN ALLE MENSCHEN, DIE INVOLVIERT SIND, DEN PLAN, UM IHN KORREKT AUSZUFÜHREN?
- ☑ VERMINDERT DER PLAN DIE RISIKEN UND BEINHALTET ER EVENTUALITÄTEN FÜR UNAUSWEICHLICHE VERÄNDERUNGEN?
- ☑ WURDE EIN NACHBESPRECHUNGSPROZESS ETABLIERT, IN DEM MAN NACH DER AUSFÜHRUNG DES PLANS AUS DEN FEHLERN LERNEN KANN?

UMSETZUNG

KAPITEL 9: PLANUNG

1. Verstehen Sie die »Befehlsabsicht« oder den Zweck, den Endzustand und das Ziel der Mission, das Sie erreichen möchten? Wenn ja, wie können Sie dann anderen helfen, es besser zu verstehen? Wenn nein, was werden Sie unternehmen, um ein besseres Bild zu bekommen?

2. Verstehen Ihr Team, Ihre Kollegen oder die Menschen, auf deren Unterstützung Sie sich verlassen können müssen, Ihre »Befehlsabsicht« oder den Zweck, den Endzustand und das Ziel der Mission, das Sie erreichen möchten? Wie können Sie Ihren Wissensstand herausfinden und ein besseres Verständnis sicherstellen?

3. Was können Sie unternehmen, um sich besser von den Details zu lösen und sich stattdessen auf die strategischen Ziele zu konzentrieren?

4. Wie fördern Sie Fragen und Diskussionen in Ihrem Team, um sicherzustellen, dass alle in Gänze den Plan, die Mission und die wichtigsten Aufgaben, die erledigt werden müssen, verstehen?

5. Wenn Sie ein Team leiten: Für welche unterstützenden Pläne innerhalb des Gesamtplans können Sie die Verantwortung auf zwei wichtige Teammitglieder abgeben? Wenn Sie eine junge Führungskraft oder ein einzelner Mitarbeiter sind: Für welche unterstützenden Pläne können Sie die Verantwortung übernehmen, um Ihren Vorgesetzten besser unter die Arme zu greifen?

6. Wenn Sie die Aufgabe bekommen habe, die anderen für Ihren Teil der Mission zu instruieren, welchen Plan stellen Sie dann für sich auf, um möglichst perfekte Instruktionen an Ihr Team abliefern zu können, und wie werden Sie das machen?

ÜBUNG ZUR SOFORTMASSNAHME

Identifizieren Sie drei wahrscheinliche Eventualitäten, auf die Sie und Ihr Team vorbereitet sein sollten, und erstellen Sie einen Plan, den Sie sofort in die Tat umsetzen können, falls eine solche Eventualität auftritt. Regen Sie andere in Ihrem Team dazu an, es Ihnen nachzutun.

NOTIZEN:

KAPITEL 10:
FÜHREN INNERHALB DER BEFEHLSKETTE

Eine der wichtigsten Aufgaben jeder Führungskraft ist die Unterstützung der jeweils eigenen Führungskraft. Die Führungskräfte eines Teams müssen immer geschlossen auftreten. Öffentlich geäußerte Unzufriedenheit oder Unstimmigkeiten mit der Befehlskette untergraben die Autorität der Führungskräfte aller Ebenen – inklusive Ihrer. Dies kann sich katastrophal auf die Leistung jedes Unternehmens auswirken.

SPRECHEN SIE IHRE VORGESETZTEN DIREKT AN.

VERSTEHEN SIE DEREN PRIORITÄTEN UND ERWARTUNGEN.

BIETEN SIE LÖSUNGEN AN UND STELLEN SIE SICHER, DASS IHRE VORGESETZTEN ERFOLGREICH SIND.

BAUEN SIE STARKE BEZIEHUNGEN ZU ALLEN EBENEN IN DER BEFEHLSKETTE AUF.

INSTRUIEREN SIE IHR TEAM IN ALLEN FACETTEN DER MISSION.

ÜBERNEHMEN SIE VERANTWORTUNG.

Jede gute Führungskraft taucht in das breite Spektrum der Planung und Ausführung des Teams ein. Solche Führungspersönlichkeiten kennen sich detailliert mit dem Gesamtkonzept und den spezifischen zu erledigenden Aufgaben aus. Diese Informationen werden nicht automatisch an die (im militärischen Sinne) direkten Untergebenen im Team weitergegeben. Die Mitglieder – der taktischen Ebene – konzentrieren sich zu Recht auf ihre Aufgaben zur guten Auftragserfüllung (und müssen dies auch). Sie benötigen nicht das gesamte Wissen und den Einblick, den die Führungskräfte haben, wiederum müssen Letztere nicht die komplizierten Details der Aufgaben auf taktischer Ebene wissen. Aber: Alle müssen die Rolle der anderen verstehen. Routinemäßige und effektive Kommunikation mit Ihren Teammitgliedern ist entscheidend, damit sie ihre Rollen in der Mission verstehen. Sie müssen ihnen also den Zusammenhang zwischen ihrem Tagesgeschäft und dem Einfluss, den dieses auf die größeren, strategischen Ziele des Unternehmens hat, verdeutlichen. Außerdem müssen Sie Ihren Teammitgliedern helfen, in einem sich schnell verändernden, dynamischen Umfeld Prioritäten neu zu setzen. Und genau das ist die Führung entlang der Befehlskette. Dafür sollten Sie regelmäßig Ihr Büro oder Ihren Arbeitsplatz verlassen und sich persönlich mit

Ihren Mitarbeitern auseinandersetzen, deren besondere Herausforderungen verstehen und sie in das Gesamtbild einordnen.

Es gibt eine ebenso wichtige Führungsform, die wir »Führen aufwärts der Befehlskette« nennen. Dazu gehört der Beziehungsaufbau zu Ihren Vorgesetzten, damit Sie direkt mit ihnen in Kontakt treten können, um nötige Entscheidungen und Unterstützung zu erhalten, damit wiederum Ihr Team seinen Auftrag erfüllen und letztendlich erfolgreich sein kann. Eine Führungskraft muss auch nach oben die wichtigsten Informationen liefern, damit der Vorgesetzte Entscheidungen zeitnah treffen und die für den Teamauftrag erforderliche Unterstützung geben kann.

Geben Sie nicht Ihrem Chef die Schuld, wenn er Entscheidungen nicht rechtzeitig trifft oder Ihnen und Ihrem Team nicht die nötige Unterstützung zukommen lässt, sondern geben Sie sich selbst die Schuld. Er will schließlich nicht, dass Sie scheitern. Sie müssen Verantwortung übernehmen und mehr tun, um Ihren Chef aufzuklären, zu beeinflussen und zu informieren, damit er diese Entscheidungen richtig und rechtzeitig trifft. Sie müssen eine bessere Beziehung zu Ihrem Chef aufbauen, damit dieser Ihnen voll vertraut und zuhört. Statt Ihrem Chef die Schuld zu geben, sollten Sie Extreme Ownership an den Tag legen. Prüfen Sie, was Sie tun können, um die wichtigen Informationen für die Entscheidungsfindung besser zu vermitteln, um so dann für den Erfolg nötige Ressourcen und Unterstützung zu erhalten – und handeln Sie.

Für die Führung aufwärts der Befehlskette braucht es weitaus mehr Wissen und Können als abwärts, denn dann können Sie nicht auf Ihren Rang oder Ihre Autorität zurückgreifen (was Sie ohnehin nicht tun sollten), sondern müssen Erfahrung, Wissen, Kommunikation und Beziehungen nutzen, um Ihre Vorgesetzten beeinflussen zu können.

Wenn Sie das strategische Gesamtbild verstehen und wissen, wie Ihr Team am besten zum Sieg beitragen kann, können Sie Ihrem Chef oder Ihren Vorgesetzten eine Idee in den Kopf setzen und diese so lange pflegen, bis sie sich zu deren Ausführung entschließen, als wäre es schon immer ihre eigene gewesen. Dabei spielen die Lorbeeren am Ende keine Rolle, denn es ist nur wichtig, dass das Team erfolgreich ist. Wenn das Team gewinnt, gewinnen alle – denn das ist das bestmögliche Ergebnis.

UMSETZUNG

KAPITEL 10: FÜHREN INNERHALB DER BEFEHLSKETTE

1. An welcher Stelle können Sie Ihre Vorgesetzten mehr unterstützen?

2. Wie können Sie mit welchen neuen Mitteln eine bessere Beziehung zu Ihrem Chef und zu Ihrem Team aufbauen?

3. Wie gehen Sie mit einer Situation um, wenn Sie oder Ihr Team einen Plan umsetzen oder eine Handlung ausführen müssen, mit der Sie eigentlich nicht einverstanden sind?

4. Wie können Sie den Einfluss, den Ihr Team auf die strategische Mission hat, darstellen und Ihren Teammitgliedern mitteilen, was sie bereits alles erreicht haben?

5. Welche Schritte können Sie unternehmen, um besser zu verstehen, wie sich Ihr unmittelbarer taktischer Plan auf den größeren strategischen Plan auswirkt?

ÜBUNG ZUR SOFORTMASSNAHME

Bestimmen Sie einen Bereich, in dem Sie mehr Informationen in der Befehlskette nach oben weitergeben wollen, damit Ihre Vorgesetzten die nötigen Informationen für die Ressourcenverteilung, die Priorisierung und die strategischen Entscheidungen erhalten. Bestimmen Sie einen Bereich, in dem Sie mehr Informationen in der Befehlskette nach unten weitergeben wollen, um sicherzustellen, dass Ihr Team in Gänze versteht, wie sich die Arbeit auf den Erfolg des gesamten Teams und die übergeordnete strategische Mission auswirkt.

NOTIZEN:

KAPITEL 11: ENTSCHLOSSENHEIT BEI UNGEWISSHEIT

Führungskräfte werden immer mit Unsicherheiten konfrontiert werden, denn es gibt nie ein vollständiges Bild der Situation. Es wird immer auf dem Schlachtfeld, wie in allen Arbeits- und Lebensbereichen, ein unbekanntes Element geben – und als Führungskraft müssen Sie damit umgehen können. Sie müssen Entscheidungen treffen und dann bereit sein, diese auf Grundlage der sich entwickelnden Situation und neuer Informationen schnell anzupassen. Lassen Sie sich nicht von Angst oder Unentschlossenheit lähmen, was Sie untätig werden lässt. Entschlossenes Handeln ist für Führungskräfte in Zeiten der Ungewissheit wichtig, und es müssen auf der Grundlage der unmittelbar verfügbaren Informationen die bestmöglichen Entscheidungen getroffen werden.

Das Warten auf die 100-prozentig richtige Lösung führt zu Verzögerungen, Unentschlossenheit und einer Unfähigkeit bei der Umsetzung. Seien Sie einfach darauf vorbereitet, eine fundierte Entscheidung auf der Basis Ihrer früheren Erfahrungen, Ihres Wissens, Ihrer Ausbildung und Ihres Studiums zu treffen. Kalkulieren Sie die wahrscheinlichen Ergebnisse und berücksichtigen Sie alle zur Verfügung stehenden Informationen. Eine der besten Möglichkeiten dafür sind kleine, sich wiederholende Schritte in die Ihrer Meinung nach beste Richtung. Sie gehen ohne vollständiges Bild nur so weit wie nötig, um dort dann (neu) zu bewerten, Korrekturen vorzunehmen und angepasst zu handeln. Dies ermöglicht schnelle, schrittweise Entscheidungen, denn Sie können jederzeit bei neuen Informationen weitere Anpassungen vornehmen. Eine solche Reihe kleiner, sich wiederholender Entscheidungen wird das Team gemeinsam in die richtige Richtung bringen, denn diese ermöglichen Ihnen ein entschlossenes Handeln inmitten von Ungewissheit.

Der Vorfall, bei dem einer unserer SEAL-Scharfschützen einen unidentifizierten Mann mit einer »Waffe mit Zielfernrohr« erspähte, war ein ernüchterndes Beispiel für die Notwendigkeit von entschlossenem Handeln in einer unsicheren Situation. Es gab kein eindeutiges Bild, und die falschen Folgen hätten katastrophal enden können. Leif brauchte weitere Informationen, obwohl er unter Entscheidungsdruck stand und sich an der vorherrschenden Vermutung orientieren musste. Er forderte einen weiteren Schritt vor der Entscheidung an: Statt einfach einen Schuss von seinem Scharfschützen abgeben zu lassen, wurde ein Team zur Beurteilung des Mannes und dessen Reaktion auf sie in das Gebäude geschickt. Es stellte sich heraus, dass der unbekannte Mann ein amerikanischer Soldat war. Leif behielt die Nerven – zum Glück in diesem Szenario.

Auch wenn das Bild noch unvollständig ist, muss eine Entscheidung getroffen werden, um das Team auf der Basis der aktuell verfügbaren Informationen so voranzubringen, wie man es für richtig hält.

Auf dem Schlachtfeld sagen wir immer: »Der Feind hat eine Stimme.« Man kann also nicht kontrollieren, was dieser tun wird. Auch in der Zivilgesellschaft können Sie die Handlungen Ihrer Konkurrenz nicht kontrollieren und haben oft keinen Einfluss auf die Marktbedingungen oder Verbrauchertrends. Aber Sie müssen trotzdem Entscheidungen auf der Basis der Ihnen zur Verfügung stehenden Informationen treffen. Es gibt keine 100-prozentig richtige Lösung, ein gewisses Restrisiko wird immer bestehen bleiben. Aber als Führungskraft müssen Sie, unabhängig von Ihrer Position im Teamorganigramm, in unsicheren Zeiten entschlossen handeln.

UMSETZUNG

KAPITEL 11: ENTSCHLOSSENHEIT BEI UNGEWISSHEIT

1. Verschieben Sie Entscheidungen, die eigentlich leicht zu treffen wären, aus Angst vor Kündigung oder Tadel? Warum denken Sie, dass das passieren könnte?

2. Denken Sie über eine schwierige Entscheidung nach, bei der Sie schnelle Anpassungen aufgrund neuer Informationen vornehmen mussten. Wie war das Ergebnis?

3. Was wäre passiert, wenn Sie bei dieser Entscheidung keine schnellen Anpassungen vorgenommen hätten?

4. In welchen Bereichen sind Ihre Konkurrenten besonders entscheidungsfreudig und haben Ihnen somit etwas voraus? Welche stufenweise kleinen Schritte können Sie vornehmen, um mit ihnen mitzuhalten?

5. In welchen Bereichen handeln Sie nur eher zögerlich und müssen eigentlich mehr nach dem Prinzip *Standardeinstellung: aggressiv* agieren, wenn es um Problemlösungen oder die Ergreifung von Initiativen geht? In welchen Bereichen sind Sie zu aggressiv und müssen sich lösen, die Situation ordentlich bewerten und Schritte einführen, um kontrollierbare Risiken zu minimieren?

ÜBUNG ZUR SOFORTMASSNAHME

Womit können Sie kleinschrittig oder stufenweise sich selbst oder Ihr Team in die Richtung bewegen, die auf der Basis der jetzigen Informationen die richtige ist? Was werden Ihre Indikatoren für Entscheidungen über weitere kleine, iterative Schritte sein?

NOTIZEN:

KAPITEL 12: DISZIPLIN GLEICH FREIHEIT – DER ZWIESPALT DES FÜHRENS

ALLE wollen Freiheit. Das ist das ultimative Ziel, und das, wofür wir leben und arbeiten und für das viele Veteranen gekämpft haben und gestorben sind – damit wir in einem Land leben können, in dem wir frei sind.

Wir wollen physische Freiheit, damit wir rennen, springen, schwimmen, wandern, Rad fahren, klettern können. Wie aber verdienen wir uns diese Freiheit? Wir müssen dafür durchweg richtig essen, hart trainieren, uns dehnen und genügend schlafen. Wir müssen diszipliniert mit unserem Körper umgehen.

Wir wollen finanziellen Freiheit. Wie verdienen wir uns diese? Wir müssen Geld sparen, gut investieren, budgetieren und kein Geld auf Sachen verschwenden, die wir nicht brauchen. Wir brauchen finanzielle Disziplin.

Alle wollen mehr Freizeit. Wie bekommen wir mehr freie Zeit? Wir müssen früh aufstehen, ein Zeitmanagement erstellen, an das wir uns auch halten, und keine Zeit verschwenden. Wir müssen diszipliniert mit unserer Zeit umgehen, damit wir mehr freie Zeit haben, in der wir tun können, was wir wollen.

Mithilfe der Disziplin bekommen wir die Freiheiten, die wir wollen: Disziplin gleich Freiheit.

Disziplin und Freiheit sind gegensätzliche Pole. Disziplin ist fest, strukturiert und kontrolliert, Freiheit aber ist das Gegenteil: ungehindert und zwanglos. Wenn wir an Freiheit denken, dann denken wir daran, nur das zu tun, was wir tun wollen, wann immer wir es wollen. Und natürlich ist es das, was wir wollen: Freiheit. Aber wenn wir sie uns genauer anschauen, stellen wir fest, dass Disziplin und Freiheit zwar gegensätzliche Pole, sie aber dennoch nah verwandt sind. Denn tatsächlich führt uns Disziplin zur Freiheit. Wir brauchen sie, um Freiheit zu erlangen. Gleichzeitig ist es aber auch ein Zwiespalt, der ausbalanciert werden muss: Zu starke Disziplin kann das persönliche Wachstum und die Entwicklung des Teams behindern und das freie Denken untergraben. Im Gegenzug kann aber zu wenig Disziplin dazu führen, dass das Team nicht weiß, wie es mit kritischen Situationen umgehen oder in einer Krise reagieren muss. Wenn wir den Balanceakt zwischen beiden Extremen gemeistert bekommen, dann hat ein diszipliniertes Team strukturierte Pläne und standardisierte Abläufe, die eine schnelle und gemeinsame Umsetzung ermöglichen, aber es hat eben auch genug Freiraum, um sich abzustimmen, anzupassen und mit den auftauchenden Veränderungen und Unwägbarkeiten umzugehen. Dieser schmale Grat ist dynamisch, verändert sich sowohl mit jeder Person als auch jedem Team, und Sie müssen als Führungskraft die richtige Balance zwischen Disziplin und Freiheit finden.

Disziplin gleich Freiheit ist ein mächtiges Instrument sowohl für die persönliche Entwicklung als auch die des Teams. Diese simple Gleichung lässt sich auf alle Aspekte des beruflichen und privaten Lebens übertragen.

Wenn Sie in der Lage sein wollen, entschlossen zu handeln, müssen Sie diszipliniert genug sein, um Ihr Wissen und Ihre Fähigkeiten zu verbessern und zu erweitern. Wenn Sie ein besseres Sicherheitsprotokoll beibehalten wollen, müssen Sie disziplinierte Regeln und strikte Verantwortlichkeiten festlegen, um Sicherheit zu gewährleisten. Wenn Sie effizienter sein wollen, müssen Sie disziplinierte Standardabläufe etablieren, die die effektivsten Prozesse und Methoden für die Ausführung sicherstellen.

Standardabläufe (sogenannte SOPs; Standard Operating Procedures) werden von Teams und Organisationen erstellt, um effektive und sichere Herangehensweise bei sich wiederholenden einfachen und komplizierten Aufgaben zu gewährleisten. Wir haben beim Militär ein Sprichwort, das besagt, dass SOPs in Blut geschrieben stehen. Sie sind das Ergebnis kostspieliger Lektionen aus einem unbarmherzigen Umfeld, und sie müssen von allen genutzt werden, um eine Wiederholung dieser Fehler zu verhindern. Das Gleiche gilt für das unternehmerische Handeln. Standardabläufe sollten ab dem ersten Tag feststehen und allen Teammitgliedern erklärt werden. Das etabliert eine Einheitlichkeit und stellt sicher, dass alle die Ursprünge und Gründe verstehen, warum die Arbeit auf bestimmte Art ausgeführt wird. Dieses Verständnis schafft dann Freiräume – Abweichungen, Flexibilität und Änderungen bei Problemen. Denken Sie aber immer daran, dass selbst die besten Standardabläufe nicht zu 100 Prozent funktionieren und dass sie Sie nicht von der Pflicht entbinden, über jede Situation nachzudenken. Führungskräfte müssen die ganze Zeit mitdenken.

Wir hatten für alles, was wir taten, in den SEAL-Teams SOPs, beispielsweise für unsere Ausrüstung, für unsere Patrouillenformationen, dafür, wie wir Türen durchbrachen, wie wir Fahrzeuge be- und entluden. Viele denken, dass uns diese scheinbar endlose Liste an SOPs im Gefecht einschränken sowie starr und unflexibel machen würde, aber tatsächlich befreit sie uns. Gefechte sind ein äußerst dynamisches Umfeld, und Einheiten, die sich frei und aggressiv bewegen, sind hier im Vorteil. Unsere SOPs gaben uns die Disziplin für diese Beweglichkeit und Flexibilität im Gefecht. Wenn ein Platoon Commander wollte, dass ein vorher nicht eingeplantes Gebäude nun von einem Trupp eingenommen wird, war das ein einfacher Befehl: »Trupp 2, nehmt das Gebäude ein.« Der Zugführer musste nicht lange mit dem Squad-Führer besprechen, wer gehen würde und was sie wie tun würden, denn sie hatten für all das SOPs etabliert. Die verschiedenen Züge nutzen dieselben SOPs, damit sie einzelne Aspekte von verschiedenen Zügen kombinieren und nahtlos ausführen können. SEAL-Züge sind so außerordentlich agil, weil sie sich an SOPs halten und diese unablässig trainieren.

Beim Zwiespalt der Führung geht es aber nicht nur um Disziplin und Freiheit, sondern es gibt eine riesige Anzahl von Gegensätzen, die eine Führungskraft ausgleichen muss. Sie muss kommunizieren – aber nicht zu viel. Sie muss planen – darf aber nicht in einem nie endenden Planungszyklus stecken bleiben. Sie muss aggressiv sein und das Ganze vorantreiben – aber nicht zu aggressiv und unangemessen auf Risiken eingehen. Sie muss bereit und in der Lage sein, voranzugehen und zu führen – muss aber auch wissen, wann sie mal folgen muss.

Die Liste der Zwiespalte ließe sich endlos fortsetzen. Eine gute Führungskraft muss letztendlich diese Gegensätze ausbalancieren. Für sie haben extremes Verhalten oder extreme Reaktionen fast immer einen negativen Effekt. Verhalten Sie sich also nicht extrem – bleiben Sie ausgewogen.

UMSETZUNG

KAPITEL 12: DISZIPLIN GLEICH FREIHEIT

1. Wo erkennen Sie noch Möglichkeiten für mehr Disziplin? Welche Freiheiten wären damit dann noch zusätzlich möglich?

2. Wo erkennen Sie noch Möglichkeiten für bessere Prozesse oder SOPs (Standardabläufe)? Wessen Aufgabe wäre die Entwicklung von SOPs?

3. Warum sollten wir mehr disziplinierte Praxis etablieren?

4. Wo stellen Sie zu viel Disziplin oder zu viele Einschränkungen fest? Warum sind diese vorhanden? Wie können Sie das beheben?

5. Haben Sie oder Ihr Unternehmen noch andere Eigenschaften, die zum Extremen tendieren? Gibt es Möglichkeiten für mehr Balance?

ÜBUNG ZUR SOFORTMASSNAHME

Lesen Sie sich erneut Ihre Antwort zur ersten Frage durch und schreiben Sie drei Punkte auf, die Sie in den nächsten 30 Tagen einführen können, um mehr Disziplin und somit mehr Freiheit in Ihr Leben zu bekommen – und treten Sie danach gleich in Aktion.

NOTIZEN:

ÜBER DAS AUTORENTEAM

Jocko Willink ist Autor und pensionierter Navy-SEAL-Offizier. 2010 quittierte er seinen Dienst und gründete die Unternehmensberatung Echelon Front mit Leif Babin. Im Redline Verlag sind bereits der *New-York-Times*-Bestseller *Extreme Ownership – mit Verantwortung führen*, *Die zwei Seiten der Führung* und *Das Navy-SEAL-Handbuch für Führungsstrategien* erschienen.

Leif Babin diente neun Jahre als US-Navy-SEAL-Offizier. Er gestaltete ein neues Führungstraining für SEAL-Offiziere. 2011 quittierte er seinen Dienst und gründete die Firma Echelon Front mit. Gemeinsam mit Jocko Willink hat er *Extreme Ownership – mit Verantwortung führen* und *Die zwei Seiten der Führung* veröffentlicht.

GLOSSAR

AFTER ACTION REVIEW (AAR)

Strukturiertes Debriefing der Geschehnisse, der Gründe für die Geschehnisse und wie man es hätte besser machen können sowie alle weiteren Lektionen.

BEFEHLSABSICHT

Das strategische Ziel der Mission oder Aufgabe. Das ist nicht die Erklärung, was getan werden soll, sondern warum, was die Führungskräfte aller Ebenen wiederum dazu befähigt, Verantwortung zu übernehmen und mithilfe des Dezentralisierten Kommandos zu führen.

CHECKLISTE DER AUSFÜHRUNG

Eine Liste der wichtigsten zu erledigenden Aufgaben und der Zeitpläne oder Daten bis zur Fertigstellung.

DECKUNG UND BEWEGUNG

Teamwork. Das Team muss zusammenarbeiten, sich gegenseitig unterstützen, um das Ziel erreichen zu können. Wenn das Team erfolgreich ist, dann sind alle erfolgreich. Wenn das Team aber versagt, dann versagen auch alle anderen. Eine erfolgreich abgeschlossene Mission ist das Wichtigste.

DEZENTRALISIERTES KOMMANDO

Alle führen. Um das aber auch zu fördern, müssen die Führungskräfte aller Ebenen die Mission und das Warum dahinter verstehen. Sie müssen zudem auch den Endzustand, das Ziel und die Parameter, in denen sie operieren können, begreifen.

DISZIPLIN GLEICH FREIHEIT

Es gibt keinen Hack. Es gibt kein Geheimnis, keine Shortcuts, keine Tricks. Disziplin ebnet den Weg zur Freiheit.

EINFACH

Pläne, Vorgaben und Kommunikationen müssen einfach, deutlich und prägnant sein, damit sie von allen verstanden werden. Wenn Ihr Team etwas nicht versteht, kann es dies nicht ausführen.

ES GIBT KEINE SCHLECHTEN TEAMS, NUR SCHLECHTE FÜHRUNG

Eine wichtige Wahrheit, die Führungskräfte akzeptieren müssen, damit sie erfolgreich sein können. Die einzig wichtige Kennzahl ist, ob Sie erfolgreich oder erfolglos bei Ihrer Mission waren. Als Führungskraft – und das gilt unabhängig von Ihrem Rang oder Titel – sind Sie für Erfolg oder Misserfolg Ihres Teams verantwortlich. Also nehmen Sie die Verantwortung an und führen Sie.

EXTREME OWNERSHIP

Das Mindset und die Herangehensweise, die grundlegend für die besten Führungskräfte und Unternehmen sind. Sie reden sich nicht raus, schieben die Schuld auf andere oder Umstände. Stattdessen nehmen sie die Fehler an und implementieren effektive Problemlösungen.

FÜHRER/FÜHRUNGSKRAFT/FÜHRUNGSPERSÖNLICHKEIT

Als Führer muss man mehrere Menschen dazu bringen, effektiv eine komplexe Mission auszuführen, um strategische Ziele in einem dynamischen Umfeld zu erreichen. Das lässt sich eins zu eins aus der Gefechtssituation in die Unternehmens- und Alltagssituation übertragen. Die Prinzipien sind auf alles, was Sie jeden Tag in allen Aspekten Ihres Lebens tun, anwendbar.

FÜHRUNG

Das ist das Wichtigste auf dem Schlachtfeld und für den Erfolg eines Unternehmens in jeder Situation. Es macht den kritischen Unterschied zwischen Erfolg und Misserfolg aus, zwischen siegen und verlieren.

PRIORITÄTEN SETZEN UND AUSFÜHREN

Sie können nicht alles auf einmal machen, und wenn Sie es versuchen, werden Sie scheitern. Selbst wenn alles anscheinend eine Priorität ist, müssen Sie sich davon lösen, die höchste Priorität herausfinden und diese dann erledigen, um erfolgreich zu sein. Wenn Sie von der Situation überrannt werden, müssen Sie sich von Ihren Gefühlen lösen: Entspannen. Umschauen. Anrufen.

READBACK-VERFAHREN

Ein Instrument, um sicherzustellen, dass die Kommunikation einfach und verständlich ist für das Team. Bitten Sie ein Teammitglied darum, das von Ihnen Kommunizierte in eigenen Worten zu wiederholen. Wenn es dies korrekt tun kann, dann haben Sie effektiv kommuniziert. Wenn nicht, dann haben Sie bei der effektiven Kommunikation versagt und müssen es erneut erklären. Denken Sie daran, dass Sie die Verantwortung für das Readback und das Ergebnis übernehmen.

STANDARDABLÄUFE (SOPS)

Eine Sammlung von detaillierten Anleitungen, um eine bestimmte, sich wiederholende Aufgabe zu erledigen; Best Practice. Sie sollten von der/den Person(en) erstellt werden, die mit dieser Aufgabe betraut wurde(n), und regelmäßig für Verbesserungsmöglichkeiten überprüft werden.

UNTERGEBENER

Ein jüngeres Mitglied des Teams in der Hierarchie des Unternehmens. Es ist ein gängiger Begriff in der militärischen Sprache und impliziert keinerlei Unterlegenheit, sondern verweist einzig auf die Hierarchie des Unternehmens.

ZWIESPALT DES FÜHRENS

Führungskräfte müssen nach der richtigen Balance streben, um effektiv arbeiten zu können, wenn zwei gegensätzliche Kräfte sie in unterschiedliche Richtungen ziehen wollen, und beide Kräfte korrekt in ihren Bedürfnissen sind. Jeder ist anders, und alles ist dynamisch. Arbeiten Sie also daran, jeden Tag eine Balance zu schaffen.